大展弦比飞行器气动弹性分析的传递函数方法

段静波　杨　森　张忠源　苏立军　著

电子工业出版社·

Publishing House of Electronics Industry

北京·BEIJING

内 容 简 介

本书将计算固体力学中的传递函数方法应用于解决航空领域中的飞行器气动弹性问题，并以大展弦比太阳能无人机为研究对象，进行了若干气动弹性静、动力学问题研究。全书共7章：第1章阐述了本书的研究背景及研究意义，概括了飞行器气动弹性问题的研究现状及前沿热点问题，以及传递函数方法的研究及应用现状；第2章基于数值传递函数方法研究大展弦比干净机翼的静动、气动弹性稳定性问题；第3章将数值传递函数方法应用于带外挂大展弦比机翼的颤振稳定性分析；第4章将数值传递函数方法应用于带操纵面大展弦比机翼的颤振稳定性分析；第5章基于一种只具有两个广义转角自由度的梁单元模型，提出了一种大展弦比柔性机翼载荷重新分布的新方法；第6章将数值传递函数方法应用于大展弦比柔性机翼颤振稳定性分析；第7章将传递函数方法应用于大展弦比机翼的阵风响应分析。

图书在版编目（CIP）数据

大展弦比飞行器气动弹性分析的传递函数方法／段静波等著 .—北京：电子工业出版社，2021.1

ISBN 978-7-121-40359-0

Ⅰ. ①大… Ⅱ. ①段… Ⅲ. ①飞行器-气动弹性-传递函数 Ⅳ. ①V211.47

中国版本图书馆 CIP 数据核字（2021）第 002112 号

责任编辑：张正梅
文字编辑：苏颖杰
印　　刷：涿州市京南印刷厂
装　　订：涿州市京南印刷厂
出版发行：电子工业出版社
　　　　　北京市海淀区万寿路 173 信箱　邮编：100036
开　　本：720×1000　1/16　印张：8.75　字数：168 千字
版　　次：2021 年 1 月第 1 版
印　　次：2021 年 1 月第 1 次印刷
定　　价：78.00 元

凡所购买电子工业出版社图书有缺损问题，请向购买书店调换。若书店售缺，请与本社发行部联系，联系及邮购电话：(010) 88254888，88258888。

质量投诉请发邮件至 zlts@ phei. com. cn，盗版侵权举报请发邮件至 dbqq@ phei. com. cn。

本书咨询联系方式：(010) 88254757。

前　言

近年来，随着飞行器设计水平的不断进步，人们日益追求飞行器的轻质量、大载荷。特别是太阳能无人机，具有清洁、环保、零排放等优点，更重要的是它的动力能源来自太阳，可实现持续长时间巡航。此类无人机受太阳能转换效率的限制，一般结构质量轻、雷诺数低，机翼普遍具有超轻面密度、大展弦比、大柔性。此类无人机在飞行过程中的结构变形大，气动弹性效应十分突出，且具有明显的非线性，因此，气动弹性问题成为此类飞行器设计中不可回避的问题。

基于上述研究背景，本书在前人研究的基础上，将计算固体力学中的传递函数方法应用于解决航空领域中的飞行器气动弹性问题。本书研究了无人机大展弦比机翼，以及考虑带外挂、带操纵面、机翼柔性等情形下的若干静、动气动弹性问题。全书共7章：第1章阐述了本书的研究背景及研究意义，概括了飞行器气动弹性问题的研究现状及前沿热点问题，以及传递函数方法的研究及应用现状；第2章基于数值传递函数方法研究大展弦比干净机翼的静动、气动弹性稳定性问题；第3章将数值传递函数方法应用于带外挂大展弦比机翼的颤振稳定性分析；第4章将数值传递函数方法应用于带操纵面大展弦比机翼的颤振稳定性分析；第5章基于一种只具有两个广义转角自由度的梁单元模型，提出了一种大展弦比柔性机翼载荷重新分布的新方法；第6章将数值传递函数方法应用于大展弦比柔性机翼颤振稳定性分析；第7章将传递函数方法应用于大展弦比机翼的阵风响应分析。

本书涉及的研究得到了中国博士后科学基金（2014M560803）、国家自然科学基金项目（11702325）的大力资助，在此表示忠心感谢！

由于作者水平有限，书中不妥之处在所难免，希望读者不吝批评指正。

作　者

2020 年 10 月

目　　录

第1章 绪 论

1.1 概述

气动弹性力学问题在航空航天技术的发展初期就已经出现。早在 1903 年，Langley 进行"空中旅行者"号有动力飞机试飞时就出现了机翼气动弹性发散问题[1]，导致机翼折断。在第一次世界大战中，德国 AlbatrosD-Ⅲ 和 FokkerD-Ⅷ型战机也由于气动弹性发散问题发生了致命的损坏。20 世纪 50 年代初期，随着飞行器进入超音速领域，新出现的气动弹性问题引起了诸多学者的关注和深入研究，从而使气动弹性力学开始快速发展，并形成了一门独立的学科。

近年来，随着飞行器设计水平的不断进步，人们日益追求飞行器的轻质量、大载荷。特别是太阳能无人机（如图 1-1 所示），它不仅具有清洁、环保、零排放等优点，更重要的是它的动力能源来自太阳，可实现持续长时间巡航。此类无人机越来越受到重视，将成为侦察卫星和有人驾驶战略侦察机的重要补充和增强手段，同时也将成为获取战略情报的重要手段之一。

图 1-1 美国"太阳神号"无人机

　　然而，受太阳能转换效率的限制，目前的超长航时太阳能无人机结构质量轻、雷诺数低，机翼普遍具有超轻面密度、大展弦比、大柔性。此类无人机在飞行过程中机翼的结构变形大，气动弹性效应十分突出，且具有明显的非线性，因而，气动弹性问题成为此类飞行器设计中不可回避的问题。另外，太阳能无人机的推进系统功率小、螺旋桨转速低、推力小，通常沿机翼展向布置多组电动机螺旋桨。同时，大展弦比的机翼要求在机身下安装多组起落架。多组电动机螺旋桨与多组起落架会形成带分布式外挂的机翼系统。值得注意的是，太阳能无人机的分布式外挂将与大展弦比大柔性机翼的非线性气动弹性相互影响，形成"外挂系统—柔性机翼—气动力"三者耦合问题。太阳能无人机的大展弦比机翼后缘安装有多个操纵舵面，而操纵面颤振是最常发生的颤振，在飞行器结构设计中是必须避免的。而且，操纵面的旋转自由度会对大展弦比大柔性的主翼面的气动弹性特性有较大的影响。

　　综上所述，本书针对大展弦比干净机翼、带外挂大展弦比机翼、带操纵面大展弦比机翼、大展弦比大柔性机翼的若干气动弹性力学问题进行了研究，以期为太阳能无人飞行器的设计提供理论指导和技术支持。

1.2　飞行器气动弹性问题研究概述

　　飞行器气动弹性力学是研究弹性飞行器在气流作用下的力学行为的一门学科，其研究内容涉及空气动力学、固体力学及控制理论等多个学科，属于多学科交叉学科。在早期的飞行器设计过程中，设计师主要通过试验来获取飞行器气动弹性特性。由于气动弹性风洞试验过程复杂、精度有限且试验非常危险，一般很难准确得到飞行器的气动弹性特性。20 世纪 90 年代中后期以来，计算流体动力学（CFD）和计算结构动力学（CSD）的发展，特别是 CFD 中基于欧拉（Euler）方程、雷诺平均 Navier-Stokes 方程的数值模拟、计算结构力学中有限元计算方法的日益成熟，为飞行器气动弹性问题的研究提供了条件。

　　依据研究问题是否涉及结构和气动方面的非线性因素，计算气动弹性大致可分为经典的线性气动弹性分析和较复杂的非线性气动弹性分析[2]。经典气动弹性分析概念清晰，结果相对可靠且计算量小，因此在飞行器设计阶段得到了广泛应用。由于该分析采用了线性化假设，如结构模态理论、小扰动假设的非定常气动力模型等，气动弹性系统的求解退化为系统矩阵的复特征值计算问题，从而能够快速判断系统的稳定性。目前，线性的亚/超音速气动弹性分析，如静气动弹性、颤振、阵风响应和伺服颤振等已经成熟[3-5]，建立飞行器的有限元模型后，通过模态分析得到刚体和弹性结构的振型及固有频率。非定常气动力模型基于平板气动力理论，如适用于亚音速分析的偶极子格网法、超音速分析精度较好的活塞理论等。结构振型由表面样条方法插值到气动网格，从而实现结构和气动力项的频域耦合求解。以各分支模态的阻尼信息作为判据，可以确定给定马赫数下的颤振动压和频率，并可判断哪些阶次的结构模态参与了颤振耦合。相关的软件也成为气动弹性设计的常规手段。由于计算效率极高，线性颤振分析还可以集成到多学科优化设计中。

对于气动弹性问题，结构和气动中的任一项包含了非线性因素后，经典分析方法中的简化处理将不再适用，因此需要进行时域的非线性气动弹性分析。在结构非线性方面，以间隙为代表的接触非线性、大变形引起的几何非线性和弹/塑性带来的材料非线性等是常规的分类方式。气动弹性非线性主要包括激波运动、激波/边界层干扰和气流分离，以及低雷诺数条件下带来的层流分离泡、升力因数小攻角非线性效应、静态迟滞效应等。目前，国内外针对各类飞行器气动弹性问题进行的研究已经扩展到非线性气动弹性，主要采用计算流体动力学（CFD）和计算结构动力学（CSD）耦合求解的方法。

大展弦比柔性机翼通常经历较大的结构变形，具有明显的几何非线性特征，从而带来了其气动弹性的非线性。Smith M. J. 和 Patil M. J. 等人[6,7]较早开展了基于 CFD 方法的大展弦比机翼静气动弹性特性研究。机翼由 Hodges-Dowell 梁来模拟，气动力计算则以 Euler 方程为基础。Garcia J. A.[8] 应用精确梁理论的有限元方法，并耦合 N-S 方程的气动力，计算了大展弦比机翼的跨音速静气动弹性特性。Palacois R. 和 Cesnik C. S.、Beran P. S. 和 Hru J. Y. 等人[9,10]基于流固耦合方法，分别研究了超大展弦比机翼和翼身融合体飞机的静气动弹性问题。Tang D. M. 和 Dowell E. H.[11]采用非线性梁理论和 ONERA 失速气动力模型，系统开展了大展弦比机翼的颤振和 LCO 研究。Wang Z. 等人[12]进行了阵风激励和流动分离下长航时无人机机翼的非线性气动弹性分析。Kim K. S. 等人[13]采用数值方法研究了具有几何非线性变形的大展弦比机翼非线性气动弹性问题。北京航空航天大学、西北工业大学、南京航空航天大学等高校也开展了这方面的研究。杨智春和党会学等人[14]用耦合 Euler 方程求解器和非线性结构求解器计算了大展弦比机翼的静变形，并在静变形的基础上，提取结构的剩余刚度进行了非线性颤振特性分析。谢长川等人[15]基于几何非线性梁理论计算了大展弦比机翼的静变形，并在静变形的基础上采用假设模态法获得降阶的广义质量矩阵和刚度矩阵，利用 Therodrson 非定常气动力模型求解广义气动力矩阵，进而求解大展弦比机翼的颤振问题。王伟等人[16]采用有限元方法与流场分析耦合方法，计算了具有几何非线变形的大展弦比机翼的静气动弹性问题。马铁林等人[17,18]研究了弹性变形对柔性机翼气动特性影响分析。万志强等人[19]对柔性复合材料前掠翼飞机进行了静气动弹性分析。崔鹏与韩景龙等人[20-22]采用 CFD/CSD 的非线性气动弹性分析方法对大展弦比机翼的非线性气动弹性响应等问题进行了研究。

　　实际上，大展弦比柔性飞行器的气动弹性问题除了是一个几何非线性问题，还是一个飞行模态和结构模态紧耦合的复杂力学问题。特别对于超大展弦比超柔性飞行器而言，气动弹性分析不能独立于飞行模态来进行，飞行模态分析也不能独立于气动弹性分析，气动弹性分析和飞行模态分析需要统一起来进行整体系统分析。在这方面国内外已有一些研究成果。Hodges 团队[23-25]基于几何精确完全本征梁模型、二维准定常气动力模型和有限状态（Finite-State）入流模型发展了 HALE 柔性飞机非线性气动弹性与飞行动力学耦合分析程序 NATASHA。经过不断发展，NATASHA 能够分析各种布局柔性飞机的静平衡、动稳定性和时域响应等。Cesnik 团队[26]针对各种布局 HALE 柔性飞行器发展了名为 UM/NAST 的非线性气动弹性与飞行动力学耦合分析工具。谢长川等人[27]基于 MSC.Nastran 结构有限元模型和平面偶极子格网法，考虑随动载荷，分析了大展弦比柔性机翼变形对非线性颤振特性的影响。张健等人[28,29]基于 Hodges 提出的几何精确完全本征运动梁模型、ONERA 动失速气动力模型，建立了大展弦比柔性飞机非线性气动弹性与飞行动力学耦合模型，开展了柔性飞机非线性气动弹性与飞行动力学耦合静动态特性研究。西北工业大学周洲教授团队在分布式推进系统对太阳能无人机的飞行品质及控制等方面进行了一些卓有成效的研究[30-32]，其研究成果为本项目研究提供了宝贵的借鉴意义。

1.3　传递函数方法研究概述

　　传递函数方法是在对分布参数系统的研究中提出并发展起来的，其最初的发展受到了控制理论的启发。经过多年的发展和完善，该方法已经延伸到数学、物理和工程等领域，成为分布参数系统动、静态响应分析的一种新的有效手段。该方法对于一维和可简化为一维的均匀、线性分布参数系统，它可以给出问题的精确解；对于其他类型问题，则可给出高精度的近似解析解或半数值解析解。在求解过程中，该方法形式简洁统一，解的精度高，边界条件处理规范方便，可与有限元等通过数值方法相结合处理线性和非线性、静态和瞬态、特征值、波动等各类数学、物理问题。

传递函数方法最初的研究始于杨秉恩教授。1992 年，杨秉恩教授[33]对一维分布参数系统的传递函数方法进行了系统研究，得到了一维分布参数系统传递函数的封闭形式的解，并对系统的约束及拼接进行了研究，从而形成了比较系统的方法，为传递函数方法的应用奠定了基础。从 1993 年起，周建平教授与杨秉恩教授合作，开始了二维问题的传递函数方法研究[34]。1995 年，周建平教授与其弟子系统地对该方法进行了比较深入广泛的研究[35]。对于一维分布参数系统的瞬态响应问题，冯志刚等人[36]提出了基于极点拉普拉斯逆变换方法和数值拉普拉斯逆变换方法将频域的传递函数解变换为时域解的方法，提出了基于配置法对时域进行差分、对空间变量解析求解的半数值解析方法。这些方法首次解决了传递函数方法求解时域响应的问题。对于变截面梁这一典型的非均匀分布参数系统，雷勇军等人[37]提出了基于小参数摄动的渐近解析方法。对于光波导问题，冯莹等人[38]从变分原理出发，利用传递函数方法建立无穷单元，得到了平面光波导一维问题的解。他们还引入无限单元处理光波导的无穷区域，提出了平面光波导二维问题的条形传递函数方法。对于圆柱壳、加筋圆柱壳、层合圆柱壳的静态、频域和特征值问题，雷勇军等人[37]利用环向 Fourier 级数展开，将原来的二维问题转化为若干解耦的一维问题，并采用传递函数方法求解。对于圆锥壳、组合圆锥壳的静、动力学问题，雷勇军等人[37]基于摄动方法将问题控制方程近似简化为一组常系数微分方程，然后利用传递函数方法求解。该方法对于具有变系数控制微分方程的问题求解具有广泛的意义。对于弹性力学平面问题、薄板弯曲、旋转壳等二维问题，周建平[39]将规则区域用结线剖分为条形单元，在结线上用场函数定义结线坐标的未知函数求解，条形单元内的场函数则用结线未知函数的多项式插值求解。在每个条形区域内采用传递函数求解。研究表明，该方法在提高解的精度方面具有突出优势。在此基础上，他还发展了具有不规则区域的平面问题和弹性薄板弯曲问题的映射条形传递函数方法，将一个复杂区域映射为一个规则区域，使传递函数方法能够处理复杂二维区域，进一步扩展了传递函数的应用范围。李海阳[40]对传递函数在梁杆系统的几何非线性大变形问题的应用方面进行了研究，给出了相应非线性问题传递函数解的构造方法。李道奎等人[41]将传递函数方法应用于含内埋脱层的复合材料结构屈曲问题。吴非[42]将传递函数方法推广到热力耦合问题的研究，求解了激光辐射下结构的温度场与热应力场。黄壮飞[43]发展了弹性断裂问题的传递函数方法。李家文[44]采用传递函数方法研究了冲击波作下悬臂梁的瞬态响应。李恩奇[45]基于分布参数传递函数方法进行了被动约束层阻尼结构的动力学分析，分析了全部覆盖和局部覆盖梁、板、圆柱壳的动力学特性，为被动约束层阻尼结构动力学问题求解提供了行之有效的途径。赵雪川[46]基于 Eringen 的非局部本构模型，利用传递函数方法研究了非局部弹性和黏弹性梁杆结构的固有振动特性。申志彬等人[47]将传递函数应用于微纳米材料及其元器件的力学问题。

第 2 章　大展弦比机翼颤振与发散稳定性分析的传递函数方法

2.1　引言

气动弹性分析在飞行器设计中扮演着越来越重要的角色，这要求人们对飞行器气动弹性的机理认识要不断深入，而行之有效的分析方法至关重要。当前，进行气动弹性分析的方法主要有两大类：试验测试和数值计算。以试验的方式确定飞行器的气动弹性特性一般需采用风洞试验或进行实飞。这样的试验非常危险且耗费巨大。随着计算机硬件及计算方法的发展，数值计算逐渐成为飞行器气动弹性分析的重要手段。

飞行器或气动部件的气动弹性问题求解主要基于结构力学模型、非定常气动力模型及耦合技术。结构力学的计算已从最初的简化模型，发展到二维有限元模型，到现在使用的三维精细有限元模型。非定常气动力计算经历了线性化理论、片条理论、偶极子格网法、活塞理论、基于全位势方程、欧拉方程、N-S 方程各种非定常气动力模型。耦合技术主要表现为使用更高精度的插值算法进行力和位移的传递。以上所述技术水平的提高，大大促进了飞行器气动弹性力学的发展。

飞行器或气动部件的颤振是气动弹性问题研究的一个重内容，传统方法主要在频域内进行。20 世纪 50—70 年代，先后提出了 $V-g$ 法、$P-k$ 法来求解颤振速度和颤振频率。$V-g$ 法是在颤振方程中引入结构阻尼参数，把求解颤振问题转化为求解复矩阵的特征值问题，这种方法虽然计算方便，但是只能反映颤振临界点附近的谐振荡特性。$P-k$ 法是把求解颤振问题转化为求解关于实数矩阵的特征值问题，该方法能反映一定亚临界特性，但计算要复杂些。以上两种经典方法在考虑三维机翼结构时，都需要首先进行机翼结构模态分析，采用若干低阶模态建立机翼结构振动模型，并与非定常气动模型相结合求解机翼颤振特性。

本章基于传递函数方法，直接把描述机翼振动的微分方程与非定常气动模型相结合，进行颤振求解。一方面，该方法避免了结构模态分析的麻烦，消除了模态截断可能带来的误差；另一方面，该方法一般能够得到半解析解，在简单的情形下可以获得解析解，能有效提高求解精度和效率。

2.2　机翼颤振微分方程的建立

2.2.1　机翼单元的弯扭振动方程

长直机翼及其坐标系如图 2-1 所示，其半展长为 l，半弦长为 b。取固支端与机翼刚轴的交点为原点建立坐标系，y 轴沿机翼轴线从翼根指向翼尖，x 轴沿机翼弦向由前缘指向后缘，与 y 轴正交，z 轴与 x、y 轴构成右手坐标系。在此坐标系下，机翼的弯扭振动微分方程可写为[48]

$$\begin{cases} \dfrac{\partial^2}{\partial y^2}\left[EI(y)\dfrac{\partial^2 h(y,t)}{\partial y^2}\right] + m(y)\dfrac{\partial^2 h(y,t)}{\partial t^2} + m(y)x_\alpha(y)\dfrac{\partial^2 \alpha(y,t)}{\partial t^2} - L_h(y,t) = 0 \\[3mm] \dfrac{\partial}{\partial y}\left[GJ(y)\dfrac{\partial \alpha(y,t)}{\partial y}\right] - I_\alpha(y)\dfrac{\partial^2 \alpha(y,t)}{\partial t^2} - m(y)x_\alpha(y)\dfrac{\partial^2 h(y,t)}{\partial t^2} + T_\alpha(y,t) = 0 \end{cases}$$

$$(2\text{-}1)$$

其中，h 为机翼弯曲振动位移；α 为机翼扭转振动转角；EI 为机翼抗弯刚度；GJ 为机翼抗扭刚度；m 为机翼单位长度质量；I_α 为单位长度机翼绕弹性轴的转动惯量；L_h 为机翼单位长度的升力；T_α 为机翼单位长度的扭矩；y 为机翼展向坐标值；t 为时间。机翼剖面图如图 2-2 所示，$\overline{ab}$ 为机翼弹性轴到 z 轴的距离，x_α 为机翼弹性轴到机翼横截面重心的距离。

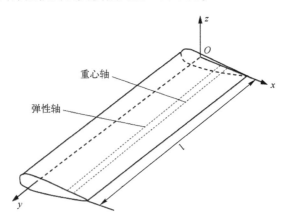

图 2-1　长直机翼及其坐标系

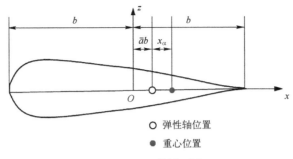

图 2-2   机翼剖面图

2.2.2   非定常气动力模型

在忽略机翼重力影响的条件下，机翼颤振时的外力只有气动力。本书采用片条理论进行非定常气动力计算。根据 Theodorson 理论，单位展长的非定常升力与相应的俯仰力矩按式（2-2）计算：

$$
\begin{cases}
L_h(y,t) = \pi \rho b^2(y)\left(-\dfrac{\partial^2 h}{\partial t^2} + V\dfrac{\partial \alpha}{\partial t} - b(y)\bar{a}(y)\dfrac{\partial^2 \alpha}{\partial t^2}\right) + \\[2mm]
\qquad 2\pi \rho V b(y) C(k)\left(V\alpha - \dfrac{\partial h}{\partial t} + b(y)\left(\dfrac{1}{2} - \bar{a}(y)\right)\dfrac{\partial \alpha}{\partial t}\right) \\[3mm]
T_\alpha(y,t) = \pi \rho b^2(y)\left(b(y)\bar{a}(y)\dfrac{\partial^2 h}{\partial t^2} - V b(y)\left(\dfrac{1}{2} - \bar{a}(y)\right)\dfrac{\partial \alpha}{\partial t} - b^2(y)\left(\dfrac{1}{8} + \bar{a}^2(y)\right)\dfrac{\partial^2 \alpha}{\partial t^2}\right) + \\[2mm]
\qquad 2\pi \rho V b^2(y)\left(\dfrac{1}{2} + \bar{a}(y)\right) C(k)\left(V\alpha - \dfrac{\partial h}{\partial t} + b(y)\left(\dfrac{1}{2} - \bar{a}(y)\right)\dfrac{\partial \alpha}{\partial t}\right)
\end{cases}
$$

$$(2-2)$$

其中，V 为空速；ρ 为空气密度；$C(k)$ 为 Theodroson 函数；k 为减缩频率，$k = \omega b / V$；ω 为圆频率；$\bar{a}$ 为机翼弹性轴到机翼弦长中点的距离占半弦长的百分比；其他变量说明同式（2-1）。

将式（2-2）代入式（2-1），得到机翼颤振微分方程：

$$
\begin{cases}
\dfrac{\partial^2}{\partial y^2}\left[EI(y)\dfrac{\partial^2 h}{\partial y^2}\right] + m(y)\dfrac{\partial^2 h}{\partial t^2} - m(y)x_\alpha(y)\dfrac{\partial^2 \alpha}{\partial t^2} - \\[3mm]
\quad \pi \rho b^2(y)\left(-\dfrac{\partial^2 h}{\partial t^2} + V\dfrac{\partial \alpha}{\partial t} - b(y)\bar{a}(y)\dfrac{\partial^2 \alpha}{\partial t^2}\right) - \\[3mm]
\quad 2\pi \rho V b(y) C(\omega, V)\left(V\alpha - \dfrac{\partial h}{\partial t} + b(y)\left(\dfrac{1}{2} - \bar{a}(y)\right)\dfrac{\partial \alpha}{\partial t}\right) = 0
\end{cases}
$$

$$(2-3)$$

$$\begin{cases} \dfrac{\partial}{\partial y}\left[GJ(y)\dfrac{\partial \alpha}{\partial y}\right]-I_{\alpha}(y)\dfrac{\partial^2 \alpha}{\partial t^2}+m(y)x_{\alpha}(y)\dfrac{\partial^2 h}{\partial t^2}+\\[3mm] \pi\rho b^2(y)\left(-b(y)\bar{a}(y)\dfrac{\partial^2 h}{\partial t^2}-Vb(y)\left(\dfrac{1}{2}-\bar{a}(y)\right)\dfrac{\partial \alpha}{\partial t}-b^2(y)\left(\dfrac{1}{8}+\bar{a}^2(y)\right)\dfrac{\partial^2 \alpha}{\partial t^2}\right)+\\[3mm] 2\pi\rho Vb^2(y)\left(\dfrac{1}{2}+\bar{a}(y)\right)C(\omega,V)\left(V\alpha-\dfrac{\partial h}{\partial t}+b(y)\left(\dfrac{1}{2}-\bar{a}(y)\right)\dfrac{\partial \alpha}{\partial t}\right)=0 \end{cases}$$

$$(2\text{-}3)\text{（续）}$$

2.3 传递函数方法求解

2.3.1 机翼沿展向离散

对于一般机翼，其物理参数和几何参数沿机翼展向是变化的，因而借鉴有限元方法的思想，将机翼沿展向划分为若干段，每段为一个机翼单元，即机翼离散，如图 2-3 所示。当划分为足够多的单元时，在机翼单元内假设机翼的物理参数和几何参数线性变化是合理。当然，进一步划分更多单元时，可以在单元内假设机翼的物理参数和几何参数是常数。首先，定义单元局部坐标系如下：

$$\xi=\frac{y}{l_j}\quad \xi\in(0,1) \tag{2-4}$$

从而，在单元内机翼的物理参数变化规律为

$$EI(\xi)=EI(0)+\frac{EI(1)-EI(0)}{l_j}\xi \tag{2-5}$$

其中，ξ 为单元局部坐标系的坐标；l_j 为第 j 个机翼单元的长度。

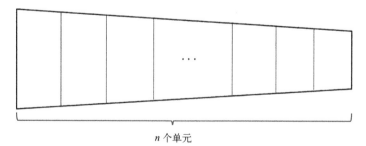

n 个单元

图 2-3　机翼离散

除此之外，GJ、m、I_α、b、x_α、$\bar{a}$ 等机翼的物理参数和几何参数在机翼单元内的变化也可写为式（2-5）的形式。

进一步，联立式（2-3）与式（2-5），机翼单元颤振的控制方程可写为

$$
\begin{cases}
\dfrac{EI(\xi)}{l_j^4}\dfrac{\partial^4 h}{\partial \xi^4}+\dfrac{2\big(EI(1)-EI(0)\big)}{l_j^4}\dfrac{\partial^3 h}{\partial \xi^3}+m(\xi)\dfrac{\partial^2 h}{\partial t^2}+m(\xi)x_\alpha(\xi)\dfrac{\partial^2\alpha}{\partial t^2}- \\[2mm]
\pi\rho b^2(\xi)\left(\dfrac{\partial^2 h}{\partial t^2}+V\dfrac{\partial\alpha}{\partial t}-b(\xi)\bar{a}(\xi)\dfrac{\partial^2\alpha}{\partial t^2}\right)- \\[2mm]
2\pi\rho Vb(\xi)C(k)\left(V\alpha+\dfrac{\partial h}{\partial t}+b(\xi)\left(\dfrac{1}{2}-\bar{a}(\xi)\right)\dfrac{\partial\alpha}{\partial t}\right)=0 \\[4mm]
\dfrac{GJ(\xi)}{l_j^2}\dfrac{\partial^2\alpha}{\partial \xi^2}+\dfrac{GJ(1)-GJ(0)}{l_j^2}\dfrac{\partial\alpha}{\partial \xi}-I_\alpha(\xi)\dfrac{\partial^2\alpha}{\partial t^2}-m(\xi)x_\alpha(\xi)\dfrac{\partial^2 h}{\partial t^2}+ \\[2mm]
\pi\rho b^2(\xi)\left(b(\xi)\bar{a}(\xi)\dfrac{\partial^2 h}{\partial t^2}-Vb(\xi)\left(\dfrac{1}{2}-\bar{a}(\xi)\right)\dfrac{\partial\alpha}{\partial t}-b^2(\xi)\left(\dfrac{1}{8}+\bar{a}^2(\xi)\right)\dfrac{\partial^2\alpha}{\partial t^2}\right)+ \\[2mm]
2\pi\rho Vb^2(\xi)\left(\dfrac{1}{2}+\bar{a}(\xi)\right)C(k)\left(V\alpha+\dfrac{\partial h}{\partial \xi}+b(\xi)\left(\dfrac{1}{2}-\bar{a}(\xi)\right)\dfrac{\partial\alpha}{\partial t}\right)=0
\end{cases}
\tag{2-6}
$$

对于整个机翼而言，可将其视为一根悬臂梁，两端的边界条件如下：

$$
\begin{cases}
h(0,t)=0,\quad \dfrac{\partial h(0,t)}{\partial y}=0,\quad \alpha(0,t)=0 \\[3mm]
M(L,t)=-EI\dfrac{\partial^2 h(L,t)}{\partial y^2}=0 \\[3mm]
F(L,t)=-EI\dfrac{\partial^3 h(L,t)}{\partial y^3}=0 \\[3mm]
Q(L,t)=-GJ\dfrac{\partial\alpha(0,t)}{\partial y}=0
\end{cases}
\tag{2-7}
$$

其中，$M(L,t)$、$F(L,t)$、$Q(L,t)$ 分别为机翼自由端的弯矩、剪力和扭矩。

假设初始条件为

$$
\begin{cases}
h(y,0)=\dfrac{\partial h(y,0)}{\partial t}=0 \\[3mm]
\dfrac{\partial h(y,0)}{\partial y}=\dfrac{\partial h(y,0)}{\partial y\partial t}=0 \\[3mm]
\alpha(y,0)=\dfrac{\partial\alpha(y,0)}{\partial t}=0
\end{cases}
\tag{2-8}
$$

2.3.2　机翼颤振特性求解

本节利用传递函数方法求解机翼颤振速度。对式（2-6）进行 Fourier 变换，并利用初始条件式（2-8），整理可得

$$
\begin{cases}
\dfrac{\partial^4 \widetilde{h}}{\partial \xi^4} = A_1(\xi)\dfrac{\partial^3 \widetilde{h}}{\partial \xi^3} + B_1(\xi,\mathrm{i}\omega,V)\widetilde{h} + C_1(\xi,\mathrm{i}\omega,V)\widetilde{\alpha} \\[3mm]
\dfrac{\partial^2 \widetilde{\alpha}}{\partial \xi^2} = A_2(\xi)\dfrac{\partial \widetilde{\alpha}}{\partial \xi} + B_2(\xi,\mathrm{i}\omega,V)\widetilde{h} + C_2(\xi,\mathrm{i}\omega,V)\widetilde{\alpha}
\end{cases}
\tag{2-9}
$$

其中，$\widetilde{h}$、$\widetilde{\alpha}$ 分别表示 h、α 的 Fourier 变换；ω 为圆频率；$\mathrm{i}=\sqrt{-1}$。系数 $A_n(\xi)$、$B_n(\xi,\mathrm{i}\omega,V)$、$C_n(\xi,\mathrm{i}\omega,V)$（$n=1,2$）的表达式如下：

$$
\begin{cases}
A_1(\xi) = -2\dfrac{EI(1)-EI(0)}{EI(\xi)} \\[4mm]
B_1(\xi,\omega,V) = -l_j^4\dfrac{-\omega^2 m(\xi) + \omega^2 \pi\rho b^2(\xi) - \mathrm{i}\omega 2\pi\rho V b(\xi)C(\omega,V)}{EI(\xi)} \\[4mm]
C_1(\xi,\omega,V) = -l_j^4\left\{ -2\pi\rho V b(\xi)C(k)\left[V+\mathrm{i}\omega b(\xi)\left(\dfrac{1}{2}-\bar{a}(\xi)\right)\right] - \right. \\[4mm]
\qquad\qquad\qquad \left. \pi\rho b^2(\xi)\left[\mathrm{i}\omega V + \omega^2 b(\xi)\bar{a}(\xi)\right] - \omega^2 m(\xi)x_\alpha(\xi) \right\}\Big/ EI(\xi) \\[4mm]
A_2(\xi) = -\dfrac{GJ(1)-GJ(0)}{GJ(\xi)} \\[4mm]
B_2(\xi,\omega,V) = -l_j^2\left\{ -\omega^2 m(\xi)x_\alpha(\xi) + \pi\rho b^2(\xi)\omega^2 b(\xi)\bar{a}(\xi) - \right. \\[4mm]
\qquad\qquad\qquad \left. \mathrm{i}\omega 2\pi\rho V b^2(\xi)\left(\dfrac{1}{2}+\bar{a}(\xi)\right)C(\omega,V)\right\}\Big/ GJ(\xi) \\[4mm]
C_2(\xi,\omega,V) = -l_j^2\left\{ -\pi\rho b^2(\xi)\left[-\mathrm{i}\omega V b(\xi)\left(\dfrac{1}{2}-\bar{a}(\xi)\right) + \omega^2 b^2(\xi)\left(\dfrac{1}{8}+\bar{a}^2(\xi)\right)\right] - \omega^2 I_\alpha(\xi) - \right. \\[4mm]
\qquad\qquad\qquad \left. 2\pi\rho V b^2(\xi)\left[\left(\dfrac{1}{2}+\bar{a}(\xi)\right)C(k)\left(V+\mathrm{i}\omega b(\xi)\left(\dfrac{1}{2}-\bar{a}(\xi)\right)\right)\right]\right\}\Big/ GJ(\xi)
\end{cases}
\tag{2-10}
$$

根据传递函数方法[35]，定义状态变量向量如下：

$$\boldsymbol{\eta}_e(\xi,\omega)=\left[\begin{array}{cccccc}\widetilde{h} & \dfrac{\partial\widetilde{h}}{\partial\xi} & \dfrac{\partial^2\widetilde{h}}{\partial\xi^2} & \dfrac{\partial^3\widetilde{h}}{\partial\xi^3} & \widetilde{\alpha} & \dfrac{\partial\widetilde{\alpha}}{\partial\xi}\end{array}\right]^{\mathrm{T}} \tag{2-11}$$

其中，T 表示向量转置。

从而，式（2-8）可写成如下状态空间方程的形式：

$$\frac{\partial\boldsymbol{\eta}_e(\xi,\omega)}{\partial\xi}=\boldsymbol{F}_e(\xi,\omega,V)\boldsymbol{\eta}_e(\xi,\omega)+\boldsymbol{g}_e(\xi,\omega) \tag{2-12}$$

其中，

$$\boldsymbol{F}_e(\xi,\omega,V)=\begin{bmatrix} 0 & 1 & 0 & 0 & 0 & 0 \\ 0 & 0 & 1 & 0 & 0 & 0 \\ 0 & 0 & 0 & 1 & 0 & 0 \\ B_1(\xi,\omega,V) & 0 & 0 & A_1(\xi) & C_1(\xi,\omega,V) & 0 \\ 0 & 0 & 0 & 0 & 0 & 1 \\ B_2(\xi,\omega,V) & 0 & 0 & 0 & C_2(\xi,\omega,V) & A_2(\xi) \end{bmatrix} \tag{2-13}$$

$$\boldsymbol{g}_e(\xi,\omega)=\boldsymbol{0} \tag{2-14}$$

由于式（2-9）为齐次微分方程组，故式（2-12）中 $\boldsymbol{g}_e(\xi,\omega)=\boldsymbol{0}$。

根据传递函数方法[35]，机翼单元两端的变形协调条件可以写为如下选择矩阵形式：

$$\boldsymbol{M}_b\boldsymbol{\eta}_e(0,\omega)+\boldsymbol{N}_b\boldsymbol{\eta}_e(1,\omega)=\boldsymbol{\gamma}_e(\omega) \tag{2-15}$$

其中，

$$\boldsymbol{M}_b=\begin{bmatrix} 1 & 0 & 0 & 0 & 0 & 0 \\ 0 & 0 & 0 & 0 & 1 & 0 \\ 0 & 1 & 0 & 0 & 0 & 0 \\ 0 & 0 & 0 & 0 & 0 & 0 \\ 0 & 0 & 0 & 0 & 0 & 0 \\ 0 & 0 & 0 & 0 & 0 & 0 \end{bmatrix},\quad \boldsymbol{N}_b=\begin{bmatrix} 0 & 0 & 0 & 0 & 0 & 0 \\ 0 & 0 & 0 & 0 & 0 & 0 \\ 0 & 0 & 0 & 0 & 0 & 0 \\ 1 & 0 & 0 & 0 & 0 & 0 \\ 0 & 0 & 0 & 0 & 1 & 0 \\ 0 & 1 & 0 & 0 & 0 & 0 \end{bmatrix},\quad \boldsymbol{\gamma}_e(\omega)=\left\{\begin{array}{c} \widetilde{h}(0,\omega) \\ \widetilde{\alpha}(0,\omega) \\ \dfrac{\partial\widetilde{h}(0,\omega)}{\partial\xi} \\ \widetilde{h}(1,\omega) \\ \widetilde{\alpha}(1,\omega) \\ \dfrac{\partial\widetilde{h}(1,\omega)}{\partial\xi} \end{array}\right\} \tag{2-16}$$

其中，$\boldsymbol{M}_b$ 为机翼根端边界条件选择矩阵；$\boldsymbol{N}_b$ 为机翼尖端边界条件选择矩阵；$\boldsymbol{\gamma}_e(\omega)$ 为由机翼单元节点位移构成的向量。

根据传递函数理论[35]，式（2-12）的解可写为

$$\boldsymbol{\eta}_e(\xi,\omega) = \boldsymbol{H}_e(\xi,\omega,V)\boldsymbol{\gamma}_e(\omega) + \boldsymbol{f}_e(\xi,\omega) \tag{2-17}$$

其中，

$$\boldsymbol{H}_e(\xi,\omega,V) = \boldsymbol{\Phi}_F(\xi,0,\omega,V)\left[\boldsymbol{M}_b\boldsymbol{\Phi}_F(0,0,\omega,V) + \boldsymbol{N}_b\boldsymbol{\Phi}_F(1,0,\omega,V)\right]^{-1} \tag{2-18}$$

$$\boldsymbol{f}_e(\xi,\omega) = \int_0^1 \boldsymbol{G}(\xi,\zeta,\omega,V)\boldsymbol{g}_e(\zeta,\omega)\,\mathrm{d}\zeta \tag{2-19}$$

$$\boldsymbol{G}(\xi,\zeta,\omega,V) = \begin{cases} \boldsymbol{H}_e(\xi,\omega,V)\boldsymbol{M}_b\boldsymbol{\Phi}_F(0,\zeta,\omega,V) & \zeta<\xi \\ -\boldsymbol{H}_e(\xi,\omega,V)\boldsymbol{N}_b\boldsymbol{\Phi}_F(1,\zeta,\omega,V) & \zeta>\xi \end{cases} \tag{2-20}$$

$$\boldsymbol{\Phi}_F(\xi,\zeta,\omega,V) = \mathrm{e}^{F(\xi,\omega,V)\zeta} \tag{2-21}$$

其中，$\boldsymbol{G}(\xi,\zeta,\omega,V)$ 为状态空间方程的域内传递函数；$\boldsymbol{H}_e(\xi,\omega,V)$ 为状态空间方程的边界传递函数。

由于 $\boldsymbol{g}_e(\zeta,\omega) = \boldsymbol{0}$，故式（2-17）中 $\boldsymbol{f}_e(\xi,\omega) = \boldsymbol{0}$，矩阵 $\boldsymbol{\Phi}_F(\xi,\zeta,\omega,V)$ 可采用高斯积分求值。

对于整个机翼，其总体求解方程可借鉴有限元方法的思想进行组集。具体推导如下。

机翼单元横截面上的内力 $\boldsymbol{\sigma}_e(\xi,\omega)$ 为

$$\boldsymbol{\sigma}_e(\xi,\omega) = \begin{bmatrix} M(\xi,\omega) \\ F(\xi,\omega) \\ Q(\xi,\omega) \end{bmatrix} = \begin{bmatrix} \dfrac{EI(\xi)}{l_i^2}\dfrac{\partial^2 \widetilde{h}}{\partial \xi^2} \\[2mm] \dfrac{EI(\xi)}{l_i^3}\dfrac{\partial^3 \widetilde{h}}{\partial \xi^3} + \dfrac{EI(1)-EI(0)}{l_i^3}\dfrac{\partial^2 \widetilde{h}}{\partial \xi^2} \\[2mm] \dfrac{GJ(\xi)}{l_i}\dfrac{\partial \widetilde{\alpha}}{\partial \xi} \end{bmatrix} \tag{2-22}$$

通过引入前先定义的状态向量 $\boldsymbol{\eta}_e(\xi,\omega)$，可得

$$\boldsymbol{\sigma}_e(\xi,\omega) = \boldsymbol{E}_{e\eta}(\xi)\boldsymbol{\eta}_e(\xi,\omega) \tag{2-23}$$

其中，$\boldsymbol{E}_{e\eta}(\xi) = \begin{bmatrix} 0 & 0 & \dfrac{EI(\xi)}{l_i^2} & 0 & 0 & 0 \\[2mm] 0 & 0 & \dfrac{EI(1)-EI(0)}{l_i^3} & \dfrac{EI(\xi)}{l_i^3} & 0 & 0 \\[2mm] 0 & 0 & 0 & 0 & 0 & \dfrac{GJ(\xi)}{l_i} \end{bmatrix}$。

将式（2-17）代入式（2-23），并结合 $\boldsymbol{f}_e(\xi,\omega) = \boldsymbol{0}$，可得

$$\boldsymbol{\sigma}_e(\xi,\omega) = \boldsymbol{E}_{e\eta}(\xi)\boldsymbol{H}_e(\xi,\omega,V)\boldsymbol{\gamma}_e(\omega) \tag{2-24}$$

令 $\xi=0$ 和 $\xi=1$，由式（2-24）可得机翼单元两节点处的内力表达式，即

$$\boldsymbol{\sigma}_e(\omega)=\begin{bmatrix}\boldsymbol{\sigma}_e(0,\omega)\\\boldsymbol{\sigma}_e(1,\omega)\end{bmatrix}=\begin{bmatrix}\boldsymbol{E}_{e\eta}(0)\boldsymbol{H}_e(0,\omega,V)\\\boldsymbol{E}_{e\eta}(1)\boldsymbol{H}_e(1,\omega,V)\end{bmatrix}\boldsymbol{\gamma}_e(\omega)\tag{2-25}$$

式（2-25）与有限元法中单元节点力的表达式十分相似。其中，$\begin{bmatrix}\boldsymbol{E}_{e\eta}(0)\boldsymbol{H}_e(0,\omega,V)\\\boldsymbol{E}_{e\eta}(1)\boldsymbol{H}_e(1,\omega,V)\end{bmatrix}$ 可视为机翼单元广义刚度矩阵；$\boldsymbol{\gamma}_e(\omega)$ 可视为机翼单元广义节点位移向量。为了方便描述，令

$$\boldsymbol{K}_e(\omega,V)=\begin{bmatrix}\boldsymbol{E}_{e\eta}(0)\boldsymbol{H}_e(0,\omega,V)\\\boldsymbol{E}_{e\eta}(1)\boldsymbol{H}_e(1,\omega,V)\end{bmatrix}\tag{2-26}$$

因而，可按照有限元组集方法对各单元节点进行统一编号，并进行组集拼接，可得机翼整体的平衡方程

$$\boldsymbol{K}(\omega,V)\boldsymbol{\gamma}(\omega)=\boldsymbol{F}(\omega)\tag{2-27}$$

其中，$\boldsymbol{K}(\omega,V)$ 可视为整体刚度矩阵；$\boldsymbol{\gamma}(\omega)$ 可视为整体节点位移向量；$\boldsymbol{F}(\omega)$ 为由各单元节点内力拼装成的向量。本书将机翼的气动力与机翼作为一个完整的系统来考虑，且忽略重力，除此之外，机翼没有受到其他外力作用，因此根据单元节点内力与外载荷平衡，可得出 $\boldsymbol{F}(\omega)=\boldsymbol{0}$。

根据机翼约束条件，按照有限元方法对整体刚度矩阵 $\boldsymbol{K}(\omega,V)$ 进行边界条件处理。

当机翼颤振时，$\boldsymbol{\gamma}(\omega)$ 应有非零解，此时须满足条件

$$\det[\boldsymbol{K}(\omega,V)]=0\tag{2-28}$$

由于 $\boldsymbol{K}(\omega,V)$ 为复矩阵，所以其行列式值等于零的必要条件为矩阵行列式值的实部与虚部均为零，即

$$\begin{cases}\mathrm{Re}\{\det[\boldsymbol{K}(\omega,V)]\}=0\\\mathrm{Im}\{\det[\boldsymbol{K}(\omega,V)]\}=0\end{cases}\tag{2-29}$$

矩阵 $\boldsymbol{K}(\omega,V)$ 中有空速 V 和圆频率 ω 两个变量，而式（2-29）恰好有两个方程，可以有定解。求解上述方程组时，可能会得到多个解，即存在多组 (V,ω) 满足式（2-29）。根据机翼颤振时在某空速时由稳定转变为不稳定，空速 V 最小的一组解 (V,ω) 应为机翼的颤振速度和相应的颤振频率。整个求解过程如图 2-4 所示。

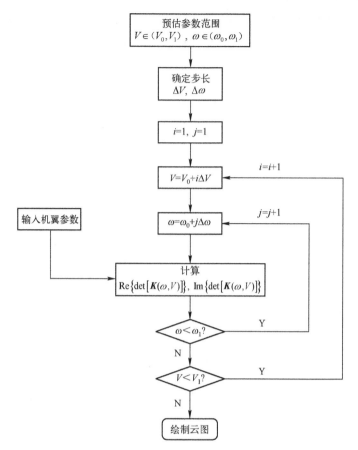

图 2-4   机翼颤振求解过程

2.3.3   机翼扭转发散求解

当求解机翼的发散特性时，仍然可利用上述方法，只需令式（2-29）中的圆频率 $\omega \to 0$，此时，复矩阵 $\boldsymbol{K}(\omega, V)$ 将退化为实矩阵 $\boldsymbol{K}(V)$，求解机翼扭转发散的特征方程将退化为

$$\det[\boldsymbol{K}(V)] = 0 \tag{2-30}$$

然而，在利用求解机翼颤振特性的程序退化后求解机翼发散时，当式（2-29）中令 $\omega = 0$ 时，将会出现奇异从而导致计算无法进行。因而，在实际求解时可以令 ω 取接近于零的较小值，如 0.001 或更小，以避免求解奇异的现象。

2.4　算例验证及分析

2.4.1　均匀长直机翼的颤振与发散计算

为了验证本章方法的正确性和有效性，首先以均匀长直机翼为例，采用本章方法求解机翼颤振和发散特性。机翼的主要参数如表 2-1 所示。以下为了描述方便，令 A 表示复矩阵 $K(\omega, V)$。根据图 2-4 所示的求解过程，确定圆频率 ω 和空速 V 的大致范围，初步取 $\begin{cases} V \in (0,200) \\ \omega \in (0,100) \end{cases}$。为了提高计算效率，先划分较粗的步长 $\begin{cases} \Delta V = 5\text{m/s} \\ \Delta f = 5\text{Hz} \end{cases}$，计算 $\text{Re}[\det A]$ 和 $\text{Im}[\det A]$ 的值，绘制 $\text{Re}[\det A]$ 和 $\text{Im}[\det A]$ 的等值线图，如图 2-5 所示。从图 2-5 中可以看到，$\text{Re}[\det A]$ 和 $\text{Im}[\det A]$ 的零等值线图交点有两个，分别位于 A、B 位置，这表明满足式（2-29）的解有两组。由于 $V_A < V_B$，所以 A 点为机翼颤振特性的解。

表 2-1　机翼的主要参数

主　要　参　数	数　　　值
半展长/m	0.432
半弦长/m	0.025
线密度/(kg/m)	0.2
弹性轴位置（%chord）	50
单位长度转动惯量/kg·m²	4.838×10^{-5}
抗弯刚度/N·m²	2.096×10^{-1}
抗扭刚度/N·m²	3.028×10^{-1}
空气密度/(kg/m³)	1.225

为了提高结果精度，进一步取覆盖 A 点的较小范围 $\begin{cases} V' \in (0,50) \\ f' \in (0,50) \end{cases}$，划分较小的步长 $\begin{cases} \Delta V = 1 \\ \Delta f = 1 \end{cases}$，如图 2-5 中虚线框所示。按照前述过程计算 $\text{Re}[\det A]$ 和 $\text{Im}[\det A]$ 的值，绘制 $\text{Re}[\det A]$ 和 $\text{Im}[\det A]$ 的等值线图，如图 2-6 所示。图 2-6 中，C 点为 $\text{Re}[\det A]$ 和 $\text{Im}[\det A]$ 的零等值线图交点，且只有一个，即为图 2-5 中的 A 点，C 点坐标约为 $(24.1, 35.0)$。这表明本章方法计算得到的

机翼颤振频率为 24.1Hz，机翼颤振速度为 35.0m/s。本章方法的计算结果与文献[48]中的结果吻合得很好。

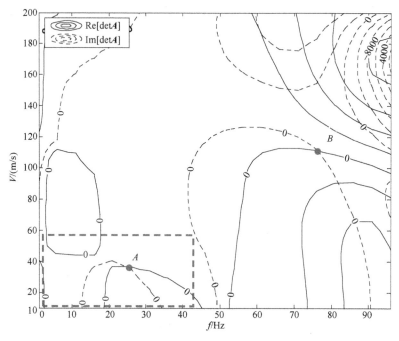

图 2-5　Re[det**A**] 和 Im[det**A**] 的等值线图 （一）

表 2-2 给出了网格数量对机翼颤振结果精度的影响。从表中可以看到，网格数量对机翼颤振速度和颤振频率影响较小。也就是说，本章方法对网格数量不敏感。主要原因是，该方法在单元内直接采用机翼弯扭振动微分方程来描述机翼振动特性，比有限元方法的多项式插值更趋于真实。

表 2-2　网格数量对机翼颤振结果精度的影响

网　　格	颤振速度/(m/s)	颤振频率/Hz
1 个单元	35.1	24.2
3 个单元	35.1	24.2
5 个单元	35.0	24.1
8 个单元	35.0	24.1

另外，可通过圆频率参数退化求解机翼发散特性，以表明该方法求解机翼发散的可行性。机翼主要参数仍取表 2-1 中的数据。令机翼翼型的升力线斜率 $a_0 = 5.5$。

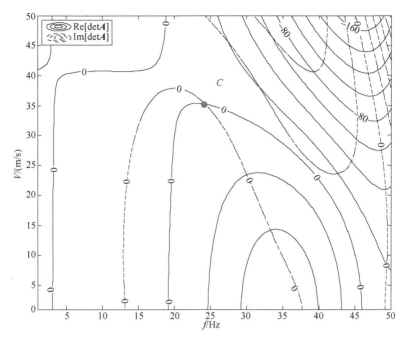

图 2-6　$\mathrm{Re}[\det A]$ 和 $\mathrm{Im}[\det A]$ 的等值线图（二）

对于长直机翼，其扭转发散具有解析解，即

$$V_D = \frac{\pi}{2l} \sqrt{\frac{2GJ}{\rho b e \dfrac{\partial C_L}{\partial \alpha}}} \tag{2-31}$$

其中，l、b、GJ 分别为机翼半展长、半弦长、抗扭刚度；ρ 为空气密度；e 为机翼弹性轴到气动中心轴沿弦长方向的距离。从表 2-1 中可知，机翼弹性轴位于机翼弦长方向中点，而对于低速翼型，机翼气动中心轴位于弦长四分之一处，由此可知 $e = 25\%$。$\dfrac{\partial C_L}{\partial \alpha}$ 为机翼升力线斜率，其与相应翼型升力线斜率之间的关系为

$$\frac{\partial C_L}{\partial \alpha} = a_0 \frac{\lambda}{\lambda + 2} \tag{2-32}$$

其中，λ 为机翼展弦比。

令 $\omega = 0.001$，根据图 2-4 所示计算过程，确定机翼发散速度的大致可能范围为 $V \in (0, 100)$。图 2-7 给出了 $\mathrm{Re}[\det A]$ 的值随空速 V 的变化曲线。从图中可以看出，在 $V \in (0, 100)$ 范围内，$\mathrm{Re}[\det A]$ 与 $\omega = 0.001$ 两曲线只有一

个交点 D，D 的横坐标约为 46.02，即机翼的扭转发散速度。通过式（2-31）也可计算机翼的扭转发散速度，将机翼参数代入后可得 46.06m/s。由此可见，本章方法的结果与解析解相当吻合，从而表明该方法退化后求解机翼扭转发散具有可行性与有效性。

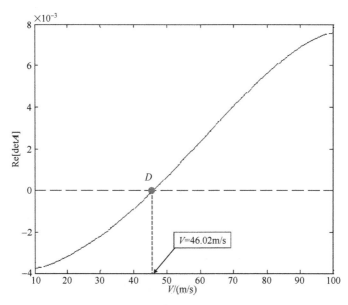

图 2-7   Re[det$A$]随空速 V 的变化曲线（ ω=0.001）（一）

从式（2-31）可以看到，物理参数展弦比 λ、抗扭刚度 GJ 及 e 均会影响机翼的扭转发散。因此，进一步改变以上参数，研究本章方法的适用性和有效性。表 2-3 给出了 8 种参数组合的情况，可以看到，本章方法获得的解与解析解均吻合得很好。

表 2-3   不同物理参数下机翼扭转发散结果

工 况		扭转发散速度/（m/s）	
		本章解	解析解
1	80%λ，100%GJ，100%e	58.26	58.32
2	100%λ，100%GJ，100%e	46.02	46.06
3	120%λ，100%GJ，100%e	38.02	38.05
4	150%λ，100%GJ，100%e	30.15	30.17
5	100%λ，80%GJ，100%e	41.25	41.20

续表

工　况		扭转发散速度/（m/s）	
		本章解	解析解
6	$100\%\lambda$, $120\%GJ$, $100\%e$	50.41	50.46
7	$100\%\lambda$, $120\%GJ$, $80\%e$	51.43	51.50
8	$100\%\lambda$, $120\%GJ$, $120\%e$	42.01	42.05

通过上述算例可知，本章方法也可以通过圆频率退化的方式用计算机翼颤振的方法来求解机翼发散问题。因此，在求解机翼静、动气动弹性稳定性问题中，该方法具有显著的统一性。

2.4.2　一般长直机翼的颤振与发散计算

在工程实际中，一般机翼的物理参数和几何参数沿机翼展向是变化的。本算例以一般长直机翼为研究对象，采用本章方法计算机翼的颤振与发散特性。设机翼的半展长为 5.8m，机翼升力线斜率为 4.32，其他主要物理参数如表 2-4 所示。此外，假设机翼弹性轴与质心轴均位于机翼半弦线上。空气密度为 1.225kg/m³。

表 2-4　机翼主要物理参数

y/L	弦长/m	抗弯刚度/（N/m²）	抗扭刚度/（N/m²）	单位长度质量/kg	单位长度转动惯量/kg·m²
0	3.15	4.08×10^6	1.60×10^6	79.0	74.0
0.1	2.94	3.00×10^6	1.30×10^6	37.5	32.6
0.2	2.74	1.87×10^6	1.04×10^6	32.5	26.0
0.3	2.53	1.24×10^6	7.60×10^5	28.0	19.7
0.4	2.32	8.20×10^5	5.20×10^5	23.5	13.7
0.5	2.11	5.30×10^5	3.70×10^5	19.5	9.25
0.6	1.91	3.20×10^5	2.80×10^5	15.5	5.83
0.7	1.70	1.70×10^5	2.00×10^5	12.5	3.51
0.8	1.49	9.00×10^4	1.40×10^5	10.5	2.28
0.9	1.29	5.00×10^4	8.00×10^4	8.50	1.51
1.0	1.08	4.00×10^4	5.00×10^4	6.20	0.99

首先，对机翼进行模态分析，前 4 阶固有频率分别为 6.281Hz、12.68Hz、20.51Hz、24.29Hz。其中，1、3 阶振型为弯曲振型，2、4 阶振型为扭转振

型，如表 2-5 所示。

表 2-5　机翼模态特性

模 态 阶 数	频率/Hz	振　　型
1 阶	6.281	1 阶弯曲振型
2 阶	12.68	1 阶扭转振型
3 阶	20.51	2 阶弯曲振型
4 阶	24.29	2 阶扭转振型

然后，采用 $V\text{-}g$ 法求解颤振特性。机翼的阻尼 g 及频率 f 随空速 V 变化的曲线分别如图 2-8 和图 2-9 所示。从两图中可以得到，机翼的颤振速度为 138.6m/s，相应的颤振频率为 10.48Hz。进而采用本章方法求解机翼颤振特性。图 2-10 给出了 $\text{Re}[\det A]$ 和 $\text{Im}[\det A]$ 的等值线图。从图中可以看到，曲线 $\text{Re}[\det A]=0$ 和 $\text{Im}[\det A]=0$ 的交点为 C，其坐标值为 (13.0, 136.9)，这表明机翼颤振速度为 136.9m/s、机翼颤振频率为 13.0Hz。本章方法与 $V\text{-}g$ 法所得的结果吻合得较好，而本章方法却避免了进行模态分析，从而能更便捷快速地给出机翼的颤振特性。

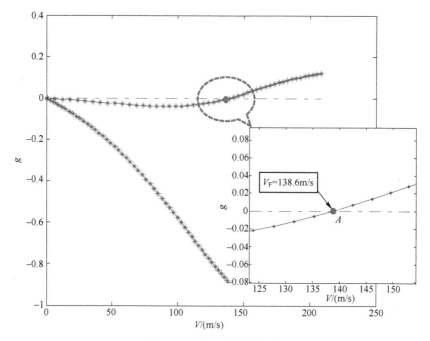

图 2-8　g 随 V 变化的曲线

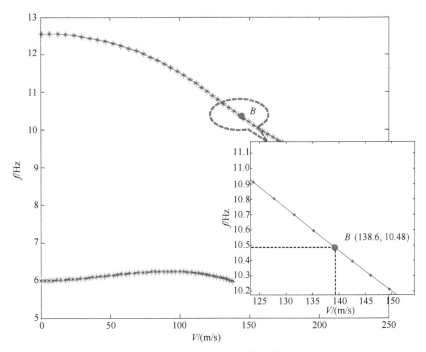

图 2-9　f 随 V 变化的曲线

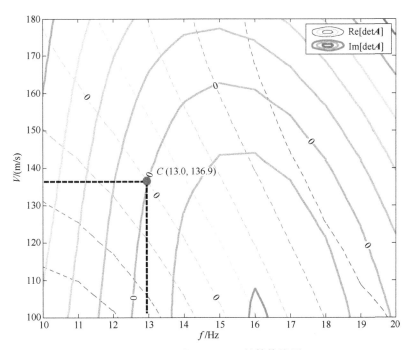

图 2-10　Re[det$A$]和 Im[det$A$]的等值线图（三）

最后，令 $\omega=0.001$，用本章方法可求解机翼的发散速度。$\mathrm{Re}[\det A]$ 随空速 V 的变化曲线如图 2-11 所示。从图中可以看到，曲线在过零点，即 $\mathrm{Re}[\det A]$ 为零时，机翼产生发散，可以确定机翼的发散速度约为 269m/s。

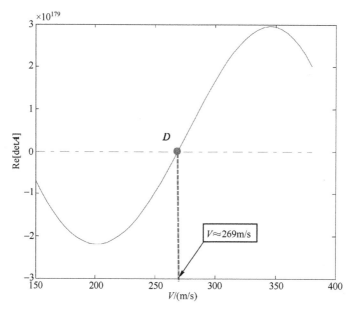

图 2-11　$\mathrm{Re}[\det A]$ 随空速 V 变化的曲线（$\omega=0.001$）（二）

第 3 章　带外挂大展弦比机翼颤振
稳定性分析的传递函数方法

3.1　引言

机翼是飞机气动弹性分析的重要对象。通常机翼下会安装发动机、导弹等外挂，这将会显著改变机翼的颤振特性。某些外挂的状态甚至可能导致颤振临界速度的急剧降低，严重影响飞机的安全性。因此，带外挂机翼颤振问题一直是飞机设计中受到广泛重视的课题。国内外学者在此方面进行了诸多研究。20 世纪 90 年代，杨智春等人[49]就采用颤振分析重频理论对带外挂二元机翼的颤振频率及颤振边界变化的一般规律进行了研究，并进行了试验验证，还建立试验模型研究俯仰、偏航、侧摆等连接刚度对机翼外挂系统颤振特性的影响[50,51]。Yang Y. R.[52]应用 KBM 方法的一次、二次近似理论研究了机翼外挂系统及三角机翼两种模型的极限环颤振。杨翊仁等人[53]按照工程处理的思路，先用一阶谐波平衡当量线化方法估计系统极限环颤振频率，然后引用孤立外挂单自由度系统在简谐迫振情况下的次谐分叉频率条件来预估机翼外挂系统极限环颤振的次谐响应存在区域。叶炜梁[54]根据颤振运动方程，应用 V-g 法和非定常气动力的偶极子格网法计算了 CKI 机翼翼尖带外挂时的颤振特性。近年来，Ozcan O. 等人[55]采用试验和数值分析方法对带外挂机翼的气动特性进行了研究。Tang Deman 等人[56]采用试验的方法对带外挂三角翼的颤振、极限环振荡在低速风洞中进行了研究，并与理论结果进行了对比分析。Fazelzadeh S. A. 等人[57]采用扩展伽辽金法研究了飞机滚转下带外挂机翼的分叉和颤振问题。Librescu Liviu 等人[58]采用扩展伽辽金法研究了复合材料带外挂机翼的气动弹性稳定性及响应问题。Karpel M. 等人[59]提出一种新的模态耦合技术，可以高效地进行带外挂机翼的颤振及气动伺服弹性分析。周秋萍等人[60]、Tang Deman 等人[61]分别研究了带有间隙型非线性刚度的带外挂机翼的颤振问题。Chen Y. M. 等人[62]提出了一种基于谐波平衡法的增量法来研究带外挂翼型的极限环颤振问题，并将该问题转化为极值问题求解。许军等人[63]基于 Hamilton 原理推导带外挂机翼的动力学方程，研究了大展弦比带外挂机翼弯扭运动的颤振特性。本章在前人研究的基础上，将传递函数方法应用于带外挂机翼的颤振分析。

3.2 颤振分析模型

3.2.1 机翼单个外挂的处理

无外挂机翼的弯扭振动微分方程及非定常气动力模型详见 2.2.1 节和 2.2.2 节，不再赘述。

在处理机翼外挂时，考虑外挂的质量惯量特性，以及与机翼间的俯仰连接刚度，而且忽略外挂俯仰运动产生的铅垂方向（图 3-1 中 z 轴方向）的位移，忽略外挂气动力对机翼颤振的影响。

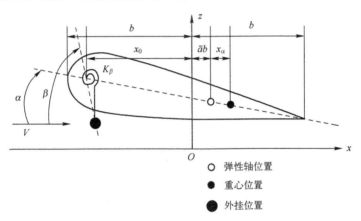

○ 弹性轴位置

● 重心位置

◉ 外挂位置

图 3-1 外挂处机翼剖面图

对无外挂机翼而言，机翼可视为一根悬臂梁，其边界变形协调条件和内力平衡条件为

$$
\begin{cases}
h(0,t)=0, \dfrac{\partial h(0,t)}{\partial y}=0, \alpha(0,t)=0 \\[2mm]
M(L,t)=-EI \dfrac{\partial^2 h(L,t)}{\partial y^2}=0 \\[2mm]
Q(L,t)=-EI \dfrac{\partial^3 h(L,t)}{\partial y^3}=0 \\[2mm]
T(L,t)=-GJ \dfrac{\partial \alpha(0,t)}{\partial y}=0
\end{cases}
\tag{3-1}
$$

当机翼存在外挂时，设沿机翼轴线方向上距翼根 y_0 处存在一个外挂，外挂质量为 m_0，转动惯量为 I_0，外挂距机翼弹性轴的距离为 x_0，$\beta(t)$ 为外挂相对翼根弦线的俯仰扭转角，K_β 为挂架俯仰抗扭刚度，如图 3-1 所示。在求解带外挂机翼颤振问题时，以外挂为界，将机翼分为左右两部分，中间通过变形协调条件和内力平衡条件联系。为进行区分，外挂左侧机翼所有物理量增加下标 "1"，外挂右侧机翼所有物理量增加下标 "2"。

基于机翼弯扭振动模型，在外挂处机翼变形应满足弯曲挠度、弯曲转角及扭转角 3 个方面的变形协调条件，具体为

$$\begin{cases} h_1(y_0,t)=h_2(y_0,t) \\ \dfrac{\partial h_1(y_0,t)}{\partial y}=\dfrac{\partial h_2(y_0,t)}{\partial y} \\ \alpha_1(y_0,t)=\alpha_2(y_0,t) \end{cases} \tag{3-2}$$

同时，在外挂处机翼内力应满足弯矩、剪力及扭矩 3 个方面的内力平衡条件，具体为

$$\begin{cases} M_1(y_0,t)=M_2(y_0,t) \\ Q_1(y_0,t)+m_0\dfrac{\partial h_1^2(y_0,t)}{\partial t^2}=Q_2(y_0,t) \\ T_1(y_0,t)+K_\beta(\beta(t)-\alpha_1(y_0,t))+ \\ \qquad m_0 x_0 \dfrac{\partial h_1^2(y_0,t)}{\partial t^2}=T_2(y_0,t) \end{cases} \tag{3-3}$$

其中，$K_\beta(\beta(t)-\alpha_1(y_0,t))$ 为外挂俯仰转动角度对机翼刚轴产生的扭矩；$m_0 x_0\dfrac{\partial h_1^2(y_0,t)}{\partial t^2}$ 为外挂质量惯性力在外挂处对机翼尖刚轴产生的扭矩；$m_0\dfrac{\partial h_1^2(y_0,t)}{\partial t^2}$ 为外挂质量惯性力在外挂处产生的剪力。

式 (3-3) 中引入了一个新自由度 $\beta(t)$，因而需要补充一个方程。对于外挂，其俯仰振动微分方程为

$$(I_0+m_0 r_0^2)\dfrac{\partial \beta^2(t)}{\partial t^2}+K_\beta(\beta(t)-\alpha_1(y_0,t))=0 \tag{3-4}$$

其中，r_0 为外挂质心到机翼外挂的距离，$r_0=\sqrt{x_0^2+z_0^2}$，x_0、z_0 分别为外挂质心距机翼弹性轴的弦向距离和铅垂距离。

3.2.2 机翼多个外挂的处理

对于多个外挂的情况，假设机翼有 n 个外挂，如图 3-2 所示，机翼上外挂处的坐标分别为 $y_1 \sim y_n$；第 i 个外挂的质量表示为 m_i，其转动惯量表示为 I_i；x_i 为外挂距机翼横截面刚心的长度；$\beta_i(t)$ 为外挂相对机翼根部截面弦线的偏转角；$K_{\beta i}$ 为外挂与机翼连接处的抗扭刚度。在解决带外挂机翼的气动弹性问题时，以外挂所处坐标为分界，将机翼划分成 $n+1$ 个计算单元，各单元之间通过内力平衡与位移状态条件来联系。以第 i 个外挂为例，外挂处坐标左边部分计算单元的物理量下标为"i"，右边部分计算单元的物理量下标为"$i+1$"。

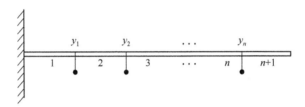

图 3-2　带多个外挂的大展弦比机翼展向示意图

机翼在受空气动力发生形变时，在外挂处两边的纵向位移、弯曲转角和机翼俯仰角应满足平衡条件，即

$$\begin{cases} h_i(y_i,t) = h_{i+1}(y_i,t) \\ \dfrac{\partial h_i(y_i,t)}{\partial y} = \dfrac{\partial h_{i+1}(y_i,t)}{\partial y} \\ \alpha_i(y_i,t) = \alpha_{i+1}(y_i,t) \end{cases} \tag{3-5}$$

由于机翼上外挂的存在，外挂弯矩、剪力和扭矩发生改变，可以得到新的平衡条件，即

$$\begin{cases} M_i(y_i,t) = M_{i+1}(y_i,t) \\ Q_i(y_i,t) + m_i \dfrac{\partial h_i^2(y_i,t)}{\partial t^2} = Q_{i+1}(y_i,t) \\ T_i(y_i,t) + K_{\beta i}(\beta_i(t) - \alpha_i(y_i,t)) + \\ \quad m_i x_i \dfrac{\partial h_i^2(y_i,t)}{\partial t^2} = T_{i+1}(y_i,t) \end{cases} \tag{3-6}$$

其中，$K_{\beta i}(\beta_i(t) - \alpha_i(y_i,t))$ 表示外挂因为俯仰方向上转动产生的对弹性轴的扭

矩；$m_i x_i \dfrac{\partial h_i^2(y_i,t)}{\partial t^2}$ 表示外挂自身重力在外挂处对机翼弹性轴的扭矩；

$m_i \dfrac{\partial h_i^2(y_i,t)}{\partial t^2}$ 表示外挂由于其自身重力在机翼外挂处的剪力。

式（3-6）中引入了新的变量 $\beta_i(t)$，因此需要补充一个方程。对于质量集中的外挂，俯仰方向上的运动微分方程为

$$(I_i+m_i r_i^2)\frac{\partial \beta_i^2(t)}{\partial t^2}+K_{\beta i}(\beta_i(t)-\alpha_i(y_i,t))=0 \tag{3-7}$$

其中，r_i 为外挂处到外挂质心的长度，且 $r_i=\sqrt{x_i^2+z_i^2}$，x_i、z_i 分别为集中外挂质心距机翼横截面刚心的弦向距离和铅垂距离。

3.3　传递函数方法求解

3.3.1　机翼单个外挂的传递函数方法求解

对机翼颤振微分方程式（3-3）进行 Fourier 变换，整理可得

$$\begin{cases} \dfrac{\partial^4 h}{\partial y^4}=A_1(\omega,V)h+B_1(\omega,V)\alpha \\[2mm] \dfrac{\partial^2 \alpha}{\partial y^2}=A_2(\omega,V)h+B_2(\omega,V)\alpha \end{cases} \tag{3-8}$$

其中，$A_1(\omega,V)$、$A_2(\omega,V)$、$B_1(\omega,V)$、$B_2(\omega,V)$ 的具体表达式如下：

$$A_1(\omega,V)=\omega^2\left[(m-\pi\rho b^2)+2\pi\rho b\frac{V}{\omega}C(\omega,V)\mathrm{i}\right]\Big/(EI)$$

$$B_1(\omega,V)=\omega^2\left[\pi\rho b^2(b\,\bar{a}+mx_\alpha)+\left(\pi\rho b^2\frac{V}{\omega}+2\pi\rho b^2\frac{V}{\omega}C(\omega,V)(0.5-\bar{a})\right)\mathrm{i}+2\pi\rho b\frac{V^2}{\omega^2}C(\omega,V)\right]\Big/(EI)$$

$$A_2(\omega,V)=-\omega^2\left[(mx_\alpha-\pi\rho b^3\,\bar{a})+2\pi\rho\frac{V}{\omega}b^2(0.5+\bar{a})C(\omega,V)\mathrm{i}\right]\Big/GJ$$

$$B_2(\omega,V)=-\omega^2\left[\begin{array}{l}(I_\alpha+\pi\rho b^4(0.125+\bar{a}^2))+\left(2\pi\rho\frac{V}{\omega}b^3(0.5-\bar{a}^2)C(\omega,V)-\pi\rho b^3\frac{V}{\omega}(0.5-\bar{a})\right)\mathrm{i}+\\[3mm] 2\pi\rho b^2\frac{V^2}{\omega^2}(0.5+\bar{a})C(\omega,V)\end{array}\right]\Big/(GJ)$$

$$\tag{3-9}$$

根据传递函数方法，定义状态变量向量如下：

$$\boldsymbol{\eta}(y,\omega)=\begin{bmatrix} h_1 & \dfrac{\partial h_1}{\partial y} & \dfrac{\partial^2 h_1}{\partial y^2} & \dfrac{\partial^3 h_1}{\partial y^3} & \alpha_2 & \dfrac{\partial \alpha_2}{\partial y} \\[2mm] h_2 & \dfrac{\partial h_2}{\partial y} & \dfrac{\partial^2 h_2}{\partial y^2} & \dfrac{\partial^3 h_2}{\partial y^3} & \alpha_2 & \dfrac{\partial \alpha_2}{\partial y} \end{bmatrix}^{\mathrm{T}} \tag{3-10}$$

式（3-8）可写成如下状态空间方程的形式：

$$\frac{\partial \boldsymbol{\eta}(y,\omega)}{\partial y}=\boldsymbol{F}(\omega,V)\boldsymbol{\eta}(y,\omega)+\boldsymbol{g}(\xi,\omega) \tag{3-11}$$

其中，$\boldsymbol{F}(\omega,V)=\begin{bmatrix} \boldsymbol{F}_1(\omega,V) & \boldsymbol{0} \\ \boldsymbol{0} & \boldsymbol{F}_2(\omega,V) \end{bmatrix}$；$\boldsymbol{F}_i(\omega,V)=\begin{bmatrix} 0 & 1 & 0 & 0 & 0 & 0 \\ 0 & 0 & 1 & 0 & 0 & 0 \\ 0 & 0 & 0 & 1 & 0 & 0 \\ A_1(\omega,V) & 0 & 0 & 0 & B_1(\omega,V) & 0 \\ 0 & 0 & 0 & 0 & 0 & 1 \\ A_2(\omega,V) & 0 & 0 & 0 & B_2(\omega,V) & 0 \end{bmatrix}$,

$(i=1,2)$。

式（3-8）为齐次微分方程组，因而式（3-11）中$\boldsymbol{g}(\xi,\omega)=\boldsymbol{0}$。

根据传递函数方法，带外挂机翼边界与外挂处的变形协调条件、内力平衡条件可以写为矩阵形式，即

$$\boldsymbol{M}_b\boldsymbol{\eta}(y=0,\omega)+\boldsymbol{N}_b\boldsymbol{\eta}(y=L,\omega)+\boldsymbol{R}_0\boldsymbol{\eta}(y=y_0,\omega)=\boldsymbol{\gamma}(\omega) \tag{3-12}$$

其中，$\boldsymbol{M}_b$为机翼根端边界条件选择矩阵；$\boldsymbol{N}_b$为机翼尖端边界条件选择矩阵；$\boldsymbol{R}_0$为机翼外挂处连续条件选择矩阵。

机翼根端固定而梢端自由，因而$\boldsymbol{M}_b$、$\boldsymbol{N}_b$的表达式可写为

$$\boldsymbol{M}_b=\begin{bmatrix} \overline{\boldsymbol{M}}_b & \boldsymbol{0}_{6\times6} \\ \boldsymbol{0}_{6\times6} & \boldsymbol{0}_{6\times6} \end{bmatrix}, \quad \boldsymbol{N}_b=\begin{bmatrix} \boldsymbol{0}_{6\times6} & \overline{\boldsymbol{N}}_b \\ \boldsymbol{0}_{6\times6} & \boldsymbol{0}_{6\times6} \end{bmatrix}$$

$$\overline{\boldsymbol{M}}_b=\begin{bmatrix} 1 & 0 & 0 & 0 & 0 & 0 \\ 0 & 1 & 0 & 0 & 0 & 0 \\ 0 & 0 & 0 & 0 & 1 & 0 \\ 0 & 0 & 0 & 0 & 0 & 0 \\ 0 & 0 & 0 & 0 & 0 & 0 \\ 0 & 0 & 0 & 0 & 0 & 0 \end{bmatrix}, \quad \overline{\boldsymbol{N}}_b=\begin{bmatrix} 0 & 0 & 0 & 0 & 0 & 0 \\ 0 & 0 & 0 & 0 & 0 & 0 \\ 0 & 0 & 0 & 0 & 0 & 0 \\ 0 & 0 & 1 & 0 & 0 & 0 \\ 0 & 0 & 0 & 1 & 0 & 0 \\ 0 & 0 & 0 & 0 & 0 & 1 \end{bmatrix}$$

联立式（3-2）~式（3-4）可得$\boldsymbol{R}_0$表达式为

$$\boldsymbol{R}_0 = \begin{bmatrix} \boldsymbol{0}_{6\times 12} \\ \hline \overline{\boldsymbol{R}}_0 \end{bmatrix}$$

$$\overline{\boldsymbol{R}}_0 = \begin{bmatrix} 1 & 0 & 0 & 0 & 0 & 0 & -1 & 0 & 0 & 0 & 0 & 0 \\ 0 & 1 & 0 & 0 & 0 & 0 & 0 & -1 & 0 & 0 & 0 & 0 \\ 0 & 0 & 1 & 0 & 0 & 0 & 0 & 0 & -1 & 0 & 0 & 0 \\ \dfrac{m_i\omega^2}{EI} & 0 & 0 & 1 & 0 & 0 & 0 & 0 & 0 & -1 & 0 & 0 \\ 0 & 0 & 0 & 0 & 1 & 0 & 0 & 0 & 0 & 0 & -1 & 0 \\ \dfrac{m_i x_i \omega^2}{GJ} & 0 & 0 & 0 & \dfrac{(J_0+m_0 r_0^2)\omega^2}{GJ} & \dfrac{K_\beta}{K_\beta - (J_0+m_0 r_0^2)\omega^2} & 1 & 0 & 0 & 0 & 0 & -1 \end{bmatrix}$$

将 $\boldsymbol{M}_b$、$\boldsymbol{N}_b$、$\boldsymbol{R}_0$ 代入式（3-12），且根据机翼两端边界条件式（3-1），可得

$$\boldsymbol{\gamma}(\omega) = \begin{bmatrix} h_1(0) & \dfrac{\partial h_1(0)}{\partial y} & \alpha_1(0) & \dfrac{\partial^2 h_1(L)}{\partial y^2} & \dfrac{\partial^3 h_1(L)}{\partial y^3} & \dfrac{\partial \alpha_1(L)}{\partial y} \\ 0 & 0 & 0 & 0 & 0 & 0 \end{bmatrix} = \boldsymbol{0} \tag{3-13}$$

根据传递函数理论，式（3-11）的解可写为

$$\begin{aligned} & \left[\boldsymbol{M}_b + \boldsymbol{N}_b \mathrm{e}^{F(\omega,V)L} + \boldsymbol{R}_0 \mathrm{e}^{F(\omega,V)y_0} \right] \boldsymbol{\eta}(y,\omega) \\ & = \boldsymbol{H}(y,\omega,V) + \int_0^L \boldsymbol{G}(y,\xi,\omega,V)\boldsymbol{g}(\xi,\omega)\,\mathrm{d}\xi \end{aligned} \tag{3-14}$$

其中，$\boldsymbol{G}(y,\xi,\omega,V)$ 为状态空间方程的域内传递函数；$\boldsymbol{H}(y,\omega,V)$ 为状态空间方程的边界传递函数，其表达式分别为

$$\begin{cases} \boldsymbol{G}(y,\xi,\omega,V) \\ = \begin{cases} \mathrm{e}^{F(\omega,V)y}\left[\boldsymbol{M}_b + \boldsymbol{R}_0 \mathrm{e}^{F(\omega,V)y_0}\right]\mathrm{e}^{-F(\omega,V)\xi}, & \xi \leqslant y \\ -\mathrm{e}^{F(\omega,V)y}\boldsymbol{N}_b \mathrm{e}^{-F(\omega,V)(L-\xi)}, & \xi > y \end{cases} \\ \boldsymbol{H}(y,\omega,V) \\ = \mathrm{e}^{F(\omega,V)y}\left[\boldsymbol{\gamma}(\omega) - \boldsymbol{R}_0 \int_0^{y_0} \mathrm{e}^{F(\omega,V)(y_0-\xi)}\boldsymbol{g}(\xi,\omega)\,\mathrm{d}\xi \right] \end{cases} \tag{3-15}$$

其中，变量 $\xi \in (0,L)$，为机翼展向坐标。

因为 $\boldsymbol{g}(\xi,\omega) = \boldsymbol{0}$ 且 $\boldsymbol{\gamma}(\omega) = \boldsymbol{0}$，由式（3-14）可进一步得到

$$\left[\boldsymbol{M}_b + \boldsymbol{N}_b \mathrm{e}^{F(\omega,V)L} + \boldsymbol{R}_0 \mathrm{e}^{F(\omega,V)y_0} \right] \boldsymbol{\eta}(y,\omega) = \boldsymbol{0} \tag{3-16}$$

当机翼颤振时，弯曲振动位移 h 和扭转振动转角 α 的振幅为非零常数，即式（3-16）中的 $\boldsymbol{\eta}(y,\omega)$ 有非零解，则有

$$\det\left[\boldsymbol{M}_b+\boldsymbol{N}_b\mathrm{e}^{F(\omega,V)L}+\boldsymbol{R}_0\mathrm{e}^{F(\omega,V)y_0}\right]=0 \qquad (3-17)$$

令

$$\boldsymbol{A}=\left[\boldsymbol{M}_b+\boldsymbol{N}_b\mathrm{e}^{F(\omega,V)L}+\boldsymbol{R}_0\mathrm{e}^{F(\omega,V)y_0}\right] \qquad (3-18)$$

$\boldsymbol{A}$ 为复矩阵，其行列式值等于零的必要条件为矩阵行列式值的实部与虚部均为零，即

$$\begin{cases}\mathrm{Re}[\det\boldsymbol{A}]=0 \\ \mathrm{Im}[\det\boldsymbol{A}]=0\end{cases} \qquad (3-19)$$

矩阵 $\boldsymbol{A}$ 中有空速 V 和圆频率 ω 两个变量，而式（3-19）中恰好有两个方程，可以定解。求解式（3-19），可能存在多组 (V,ω) 能满足方程组式（3-19）。根据机翼颤振时会在某一空速时由稳定转变为不稳定，空速 V 最小的一组解 (V,ω) 应为机翼的颤振速度和相应的颤振频率。

具体求解过程如下。

步骤 1：确定机翼的空速 V 和圆频率 ω 的大致范围 $\begin{cases}V\in(V_0,V_1) \\ \omega\in(\omega_0,\omega_1)\end{cases}$。

步骤 2：在 $\begin{cases}V\in(V_0,V_1) \\ \omega\in(\omega_0,\omega_1)\end{cases}$ 范围内划分合适步长 ΔV 和 $\Delta\omega$，并进行离散，空速 V 和圆频率 ω 依次取值为 $\begin{cases}V=V_0+i\Delta V & (i=0,1,2,3,\cdots) \\ \omega=\omega_0+j\Delta\omega & (j=0,1,2,3,\cdots)\end{cases}$。

步骤 3：取空速 $V=V_0$，圆频率 ω 依次取 $\omega_0+j\Delta\omega$（$j=0,1,2,3,\cdots$），将空速 V 和圆频率 ω 的取值及机翼各物理参数代入式（3-12），得到系数 $A_1(\omega,V)$、$A_2(\omega,V)$、$B_1(\omega,V)$、$B_2(\omega,V)$ 的值。

步骤 4：利用系数 $A_1(\omega,V)$、$A_2(\omega,V)$、$B_1(\omega,V)$、$B_2(\omega,V)$ 计算式（3-11）中的矩阵 $\boldsymbol{F}(\omega,V)$。

步骤 5：利用机翼外挂参数计算矩阵 $\boldsymbol{R}_0$。

步骤 6：将矩阵 $\boldsymbol{F}(\omega,V)$、$\boldsymbol{M}_b$、$\boldsymbol{N}_b$、$\boldsymbol{R}_0$ 代入式（3-18），计算 $\mathrm{Re}[\det\boldsymbol{A}]$ 和 $\mathrm{Im}[\det\boldsymbol{A}]$ 的值。

步骤 7：依次取空速 $V=V_0+j\Delta V$（$j=1,2,3,\cdots$），重复步骤 3~步骤 6，分别计算 $\mathrm{Re}[\det\boldsymbol{A}]$ 和 $\mathrm{Im}[\det\boldsymbol{A}]$ 的值。

步骤 8：确定满足式（3-19）的空速 V 和圆频率 ω。

需要指出的是，为了便于寻找满足式（3-19）的解，可绘制 $\mathrm{Re}[\det\boldsymbol{A}]$ 和 $\mathrm{Im}[\det\boldsymbol{A}]$ 的等值线图，进而利用等值线图确定机翼的颤振速度和相应的颤振频率。为了提高计算效率和精度，可在 $\begin{cases}V\in(V_0,V_1) \\ \omega\in(\omega_0,\omega_1)\end{cases}$ 范围内确定机翼颤振速

度所在的较小范围 $\begin{cases} V' \in (V'_0, V'_1) \\ \omega' \in (\omega'_0, \omega'_1) \end{cases}$，在此较小范围内划分更细的步长 $\Delta V'$ 和

$\Delta \omega'$，绘制 $\mathrm{Re}[\det \boldsymbol{A}]$ 和 $\mathrm{Im}[\det \boldsymbol{A}]$ 的等值线图，确定机翼的颤振速度和相应的颤振频率。

3.3.2　机翼多个外挂的传递函数方法求解

设状态变量向量为

$$\boldsymbol{\eta}(y,\omega) = \left[h_1 \quad \frac{\partial h_1}{\partial y} \quad \frac{\partial^2 h_1}{\partial y^2} \quad \frac{\partial^3 h_1}{\partial y^3} \quad \alpha_1 \quad \frac{\partial \alpha_1}{\partial y} \quad \cdots \quad h_{n+1} \quad \frac{\partial h_{n+1}}{\partial y} \quad \frac{\partial^2 h_{n+1}}{\partial y^2} \quad \frac{\partial^3 h_{n+1}}{\partial y^3} \quad \alpha_{n+1} \quad \frac{\partial \alpha_{n+1}}{\partial y} \right]^{\mathrm{T}}_{1 \times 6(n+1)}$$

$$(3-20)$$

将式（3-8）表示成状态空间方程

$$\frac{\partial \boldsymbol{\eta}(y,\omega)}{\partial y} = \boldsymbol{F}(\omega,V)\boldsymbol{\eta}(y,\omega) + \boldsymbol{g}(\xi,\omega) \qquad (3-21)$$

其中，$\boldsymbol{F}(\omega,V) = \begin{bmatrix} \boldsymbol{F}_1(\omega,V) & \boldsymbol{0} & \cdots & \boldsymbol{0} \\ \boldsymbol{0} & \boldsymbol{F}_2(\omega,V) & & \vdots \\ \vdots & & \vdots & \boldsymbol{0} \\ \boldsymbol{0} & \cdots & \boldsymbol{0} & \boldsymbol{F}_{n+1}(\omega,V) \end{bmatrix}$，$\boldsymbol{F}_i(\omega,V) =$

$\begin{bmatrix} 0 & 1 & 0 & 0 & 0 & 0 \\ 0 & 0 & 1 & 0 & 0 & 0 \\ 0 & 0 & 0 & 1 & 0 & 0 \\ A_1(\omega,V) & 0 & 0 & 0 & B_1(\omega,V) & 0 \\ 0 & 0 & 0 & 0 & 0 & 1 \\ A_2(\omega,V) & 0 & 0 & 0 & B_2(\omega,V) & 0 \end{bmatrix}$，$(i=1,2,\cdots,n+1)$。

式（3-8）是齐次微分方程组形式，可以得到式（3-21）中的 $\boldsymbol{g}(\xi,\omega) = \boldsymbol{0}$。

结合外挂处的内力平衡与位移状态条件，以及机翼的边界处理条件，通过传递函数方法理论，可以得到下式：

$$\boldsymbol{M}_b \boldsymbol{\eta}(y=0,\omega) + \boldsymbol{N}_b \boldsymbol{\eta}(y=L,\omega) + \boldsymbol{R}_1 \boldsymbol{\eta}(y=y_1,\omega) + \cdots + \boldsymbol{R}_n \boldsymbol{\eta}(y=y_n,\omega) = \boldsymbol{\gamma}(\omega)$$

$$(3-22)$$

其中，$\boldsymbol{M}_b$ 为由机翼根端条件得到的选择矩阵；$\boldsymbol{N}_b$ 为由机翼梢端条件得到的选择矩阵。由于机翼根端固定于机身而梢端可以自由运动，所以 $\boldsymbol{M}_b$、$\boldsymbol{N}_b$ 可写为

$$M_b = \begin{bmatrix} \overline{M}_b & \mathbf{0}_{6 \times n} \\ \mathbf{0}_{n \times 6} & \mathbf{0}_{n \times n} \end{bmatrix}, \qquad N_b = \begin{bmatrix} \mathbf{0}_{6 \times n} & \overline{N}_b \\ \mathbf{0}_{n \times n} & \mathbf{0}_{n \times 6} \end{bmatrix}$$

$$\overline{M}_b = \begin{bmatrix} 1 & 0 & 0 & 0 & 0 & 0 \\ 0 & 1 & 0 & 0 & 0 & 0 \\ 0 & 0 & 0 & 0 & 1 & 0 \\ 0 & 0 & 0 & 0 & 0 & 0 \\ 0 & 0 & 0 & 0 & 0 & 0 \\ 0 & 0 & 0 & 0 & 0 & 0 \end{bmatrix}, \qquad \overline{N}_b = \begin{bmatrix} 0 & 0 & 0 & 0 & 0 & 0 \\ 0 & 0 & 0 & 0 & 0 & 0 \\ 0 & 0 & 0 & 0 & 0 & 0 \\ 0 & 0 & 1 & 0 & 0 & 0 \\ 0 & 0 & 0 & 1 & 0 & 0 \\ 0 & 0 & 0 & 0 & 0 & 1 \end{bmatrix}$$

R_j 表示外挂处连续条件获得的选择矩阵，其中 $j(j = 1, 2, \cdots, n)$ 为外挂数量。为便于表示 R_j，将其按 6×6 大小进行矩阵划分。根据式（3-5）~式（3-7）可以得到

$$R_j = \begin{bmatrix} \mathbf{0}_{6 \times 6} & \cdots & \mathbf{0}_{6 \times 6} \\ \mathbf{0}_{6 \times 6} & \cdots & \mathbf{0}_{6 \times 6} \\ \vdots & \overline{R}_{j1}(j+1, j) \quad \overline{R}_{j2}(j+1, j+1) & \vdots \\ \mathbf{0}_{6 \times 6} & \cdots & \mathbf{0}_{6 \times 6} \end{bmatrix}_{6(n+1) \times 6(n+1)}$$

$$\overline{R}_{j1} = \begin{bmatrix} 1 & 0 & 0 & 0 & 0 & 0 \\ 0 & 1 & 0 & 0 & 0 & 0 \\ 0 & 0 & 1 & 0 & 0 & 0 \\ \dfrac{m_j \omega^2}{EI} & 0 & 0 & 1 & 0 & 0 \\ 0 & 0 & 0 & 0 & 1 & 0 \\ \dfrac{m_j \omega^2}{EI} & 0 & 0 & 0 & \dfrac{(J_j + m_j r_j^2)\omega^2}{GJ} & \dfrac{K_{\beta j}}{K_{\beta j} - (J_j + m_j r_j^2)\omega^2} & 1 \end{bmatrix}$$

$$\overline{R}_{j2} = \begin{bmatrix} -1 & 0 & 0 & 0 & 0 & 0 \\ 0 & -1 & 0 & 0 & 0 & 0 \\ 0 & 0 & -1 & 0 & 0 & 0 \\ 0 & 0 & 0 & -1 & 0 & 0 \\ 0 & 0 & 0 & 0 & -1 & 0 \\ 0 & 0 & 0 & 0 & 0 & -1 \end{bmatrix}$$

将 M_b、N_b、R_j 及式（3-1）代入式（3-22），计算并化简得

$$\gamma(\omega) = \begin{bmatrix} h_1(0) & \dfrac{\partial h_1(0)}{\partial y} & \alpha_1(0) & \dfrac{\partial^2 h_{n+1}(L)}{\partial y^2} & \dfrac{\partial^3 h_{n+1}(L)}{\partial y^3} & \dfrac{\partial \alpha_{n+1}(L)}{\partial y} & 0 & \cdots & 0 \end{bmatrix}_{1 \times 6(n+1)}^{\mathrm{T}} = \mathbf{0}$$

$$\tag{3-23}$$

根据传递函数理论，式（3-21）的解可写为

$$[M_b+N_b\mathrm{e}^{F(\omega,V)L}+R_1\mathrm{e}^{F(\omega,V)y_1}+\cdots+R_n\mathrm{e}^{F(\omega,V)y_n}]\eta(y,\omega)=H(y,\omega,V)+\int_0^L G(y,\xi,\omega,V)g(\xi,\omega)\mathrm{d}\xi$$

$$(3-24)$$

其中，$G(y,\xi,\omega,V)$ 为域内传递函数，$H(y,\omega,V)$ 为边界传递函数，具体为

$$\begin{cases} G(y,\xi,\omega,V) \\ =\begin{cases} \mathrm{e}^{F(\omega,V)y}[M_b+R_1\mathrm{e}^{F(\omega,V)y_1}+\cdots+R_n\mathrm{e}^{F(\omega,V)y_n}]\mathrm{e}^{-F(\omega,V)\xi}, & \xi\leqslant y \\ -\mathrm{e}^{F(\omega,V)y}N_b\mathrm{e}^{-F(\omega,V)(L-\xi)}, & \xi>y \end{cases} \\ H(y,\omega,V) \\ =\mathrm{e}^{F(\omega,V)y}\left[\gamma(\omega)-R_1\int_0^{y_1}\mathrm{e}^{F(\omega,V)(y_1-\xi)}g(\xi,\omega)\mathrm{d}\xi-\cdots-R_n\int_0^{y_n}\mathrm{e}^{F(\omega,V)(y_n-\xi)}g(\xi,\omega)\mathrm{d}\xi\right] \end{cases}$$

$$(3-25)$$

其中，参数 $\xi\in(0,L)$ 表示机翼沿展向位置的坐标。

因为 $g(\xi,\omega)=0$，且 $\gamma(\omega)=0$，由式（3-24）可进一步得到

$$[M_b+N_b\mathrm{e}^{F(\omega,V)L}+R_1\mathrm{e}^{F(\omega,V)y_1}+\cdots+R_n\mathrm{e}^{F(\omega,V)y_n}]\eta(y,\omega)=0 \qquad (3-26)$$

一旦机翼颤振发生，垂直位移 h 和扭转转角 α 的变化幅度就均不为零，可推出式（3-26）的 $\eta(y,\omega)$ 有非零解，可以得到

$$\det[M_b+N_b\mathrm{e}^{F(\omega,V)L}+R_1\mathrm{e}^{F(\omega,V)y_1}+\cdots+R_n\mathrm{e}^{F(\omega,V)y_n}]=0 \qquad (3-27)$$

令

$$A=[M_b+N_b\mathrm{e}^{F(\omega,V)L}+R_1\mathrm{e}^{F(\omega,V)y_1}+\cdots+R_n\mathrm{e}^{F(\omega,V)y_n}] \qquad (3-28)$$

A 是复矩阵，只有满足行列式实部和虚部都等于零才可使矩阵 A 行列式的值为零，可得

$$\begin{cases} \mathrm{Re}[\det A]=0 \\ \mathrm{Im}[\det A]=0 \end{cases} \qquad (3-29)$$

由式（3-29）可以得到两个方程，而矩阵 A 中恰好有两个未知数变量，分别为空速 V 和圆频率 ω，可以定解。求解式（3-29），可能得到多组 (V,ω) 满足式（3-29）。因为机翼空速在超过颤振临界速度就会发生颤振，所以求得的一组解 (V,ω) 中，空速 V 最小的这组解可以反映机翼的颤振特性。具体求解过程参考 3.3.1 节。

3.4　算例验证及分析

3.4.1　正确性验证

1. 单个外挂的情况

外挂的主要物理参数如表 3-1 所示。为了方便验证，设机翼重心到机翼弹性轴的距离 $x_\alpha = 0$，其他参数取表 2-1 中的数据。在 MSC. Patran 软件中建立带外挂机翼有限元模型，如图 3-3 所示，采用壳单元，共划分 40 个单元，采用集中质量单元模拟机翼外挂的质量及转动惯量，并利用 MSC. Nastran 软件中的气动弹性分析模块 MSC. FlightLoads 软件进行气弹分析。

表 3-1　外挂的主要物理参数

质量 m_0	0.1kg
转动惯量 I_0	4.0×10^{-6} kg·m²
距机翼弹性轴的弦向距离 x_0	0
距机翼弹性轴的垂向距离 z_0	0
距机翼根部的距离 y_0	0.5L
俯仰连接刚度 K_β	∞

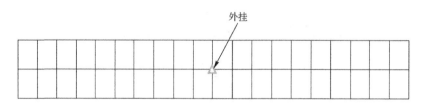

图 3-3　带外挂机翼有限元模型

表 3-2 给出了有无外挂情形下机翼固有频率的对比。从表 3-2 中可以看出，机翼外挂对机翼的固有频率会产生影响，导致机翼弯曲，扭转特性改变。特别地，外挂的出现使机翼的 1 阶扭转固有频率从 38.03Hz 下降到 29.59Hz。扭转特性对机翼颤振影响较大，这必将导致机翼颤振特性的改变。表 3-3 给出了本章方法和有限元方法在有无外挂情形下机翼颤振特性对比。从表 3-3 中可以看出，无论机翼有无外挂，这两种方法得到的颤振速度与颤振频率都比较吻合。由于利用 MSC. FlightLoads 进行气弹分析时，在结构方面进行了动

力学降阶，利用了机翼若干低阶模态，所以模态的选用会影响结果的精度。在气动力模型方面，MSC.FlightLoads 采用涡格法，能考虑机翼的三维效应。本章方法在结构方面直接采用微分方程，避免了模态降阶，但在气动力模型方面采用的是片条理论，不能考虑机翼的三维效应。因而，两种方法的计算结果存在一定的差异。

表 3-2 有无外挂情形下机翼固有频率的对比

模 态 阶 数	固有频率/Hz	
	无外挂	有外挂
1 阶（1 阶面内弯曲）	3.08	2.46
2 阶（1 阶面外弯曲）	7.92	6.34
3 阶（2 阶面内弯曲）	19.11	12.02
4 阶（1 阶扭转）	38.03	29.59

表 3-3 有无外挂情形下机翼颤振特性对比

外 挂 情 况	颤振速度/(m/s)		颤振频率/Hz	
	有限元解	本章解	有限元解	本章解
无外挂	38.0	37.5	27.2	24.7
有外挂	42.0	40.3	22.3	20.3

2. 多个外挂的情况

这里将采用有限元方法和本章方法分别对带有多个外挂的机翼进行颤振计算。计算所需的外挂物理参数如表 3-1 所示，机翼其他主要参数如表 2-1 所示，且令机翼重心到机翼横截面刚心的距离 $x_\alpha = 0$。

采用 MSC.Patran 软件进行仿真分析，先对带外挂机翼模型进行建模，如图 3-4 所示，划分网格时使用四边形网格，每个机翼分成 40 个结构性单元。采用质量单模拟外挂质量和转动惯量特性，分别对带 1~5 个外挂的机翼进行模态分析，并采用 MSC 软件的气动弹性分析模块 MSC.FlightLoads 进行带外挂颤振分析。

机翼携带不同数量外挂时前 4 阶固有频率对比如表 3-4 所示。从表 3-4 中可以发现，不同的机翼携带的外挂数量对机翼固有频率产生了不同影响。机翼外挂数量变多后，机翼受力发生变化，导致机翼弯扭，从而降低了机翼的固有频率。尤其是 1 阶机翼扭转频率因为外挂数量增多而下降较快，而机翼的扭转特性会对气动弹性产生影响，所以机翼的气动弹性特性也会发生改变。

（a）单个外挂的情形

（b）3个外挂的情形

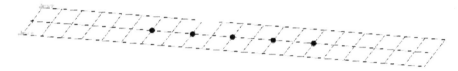

（c）5个外挂的情形

图 3-4　带外挂机翼的有限元模型

表 3-4　机翼带不同数量外挂时前 4 阶固有频率对比 （单位：Hz）

外挂数量/个	1	2	3	4	5
1阶（1阶面内弯曲）	2.46	2.09	1.82	1.61	1.44
2阶（1阶面外弯曲）	6.34	5.37	4.67	4.14	3.70
3阶（2阶面内弯曲）	12.02	10.77	10.13	9.43	8.64
4阶（1阶扭转）	29.59	26.57	24.91	23.17	21.18

　　分别采用本章算法和有限元方法对携带不同数量外挂的机翼进行计算，结果如表 3-5 所示。由表 3-5 可知，采用两种计算方法得到的颤振速度和频率具有较好的一致性，从而验证了本章方法的正确性。

表 3-5　机翼带不同数量外挂颤振特性对比

外挂数量/个	颤振速度/（m/s）		颤振频率/Hz	
	有限元解	本章解	有限元解	本章解
1	45.1	41.0	21.5	20.7
2	45.8	41.2	19.4	19.8
3	46.4	42.1	17.7	18.1
4	48.6	42.5	14.7	15.1
5	48.9	42.7	13.2	12.3

3.4.2　外挂对机翼颤振特性影响的分析

1. 单个外挂的情况

从 3.1 节可知，带外挂机翼的颤振特性会随外挂特性变化而发生显著变化，因此有必要研究各种外挂参数对机翼颤振品质的影响。本节主要研究外挂质量、转动惯量、位置及外挂与机翼间的连接刚度等因素对机翼颤振特性的影响。分析中所取基本参数如表 2-1 和表 3-1 所示。

外挂质量变化对机翼颤振特性的影响如图 3-5 所示，图中的横坐标为机翼外挂质量 m_0 与机翼单位长度质量 m 的比值，纵坐标为机翼颤振速度。外挂转动惯量变化对机翼颤振特性的影响情况如图 3-6 所示，图中的横坐标为机翼外挂转动惯量 I_0 与机翼单位长度转动惯量 I_α 的比值，纵坐标也为机翼颤振速度。图 3-5 和图 3-6 中均给出了外挂距机翼弹性轴弦向距离 $x_0 = -40\%b$、0、$40\%b$ 三种情形下的颤振速度。从两图可以看出，采用传递函数方法得到的外挂质量、转动惯量对机翼颤振影响是符合常理的，这也表明传递函数方法应用于机翼颤振分析是可行且有效的。

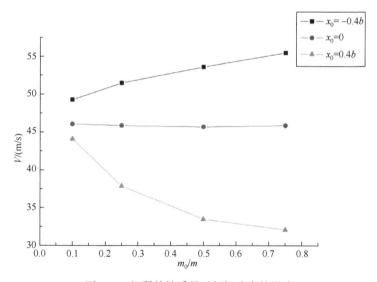

图 3-5　机翼外挂质量对颤振速度的影响

本书带外挂机翼颤振模型可以考虑机翼长度特性，因此给出了外挂在机翼展向上位置变化时对机翼颤振特性的影响，如图 3-7 所示。图中的横坐标为机翼外挂展向位置 y 与机翼半展长 L 的比值，纵坐标为机翼颤振速度。从

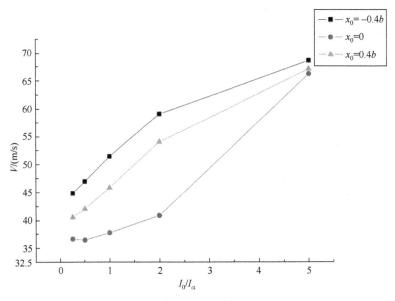

图 3-6　机翼外挂转动惯量对颤振速度的影响

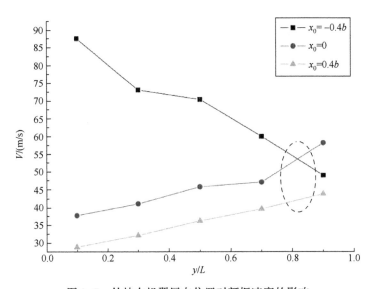

图 3-7　外挂在机翼展向位置对颤振速度的影响

图中可以看出，随着外挂从翼根移向翼尖，当外挂在机翼弹性轴前时，机翼颤振速度是减小的；而当外挂位于机翼弹性轴上或位于机翼弹性轴后时，机翼颤振速度则是增大的。但是，当外挂位于翼根中段时，仍然是外挂置于机翼弹性轴之后有利于机翼颤振稳定性的提高。然而，当外挂位于翼尖段时，外挂对机翼颤振速度的影响就不再是这样了。从图 3-7 中虚线圆圈标注处可以看到，在 3 个弦向位置中，外挂位于 $x_0 = 0$ 处时，机翼的颤振速度最大。也就是说，外挂位于翼尖时，机翼可能会在弦向某位置出现颤振速度极大值。这与参考文献[6]中的结论基本一致。因此，对于翼尖外挂，其弦向位置的确定就存在设计空间，需具体问题具体分析计算。

外挂的挂架刚度也是机翼外挂的重要参数，本章研究了外挂挂架俯仰刚度对机翼颤振的影响，如图 3-8 所示。图中的横坐标为机翼外挂挂架俯仰刚度 K_β 与机翼单位抗扭刚度 GJ 的比值，纵坐标为机翼颤振速度。从图中可以看出，当 GJ 不变、K_β 改变时，当外挂挂架俯仰刚度 K_β 较大时，对机翼颤振速度影响不大；但是，当外挂挂架俯仰刚度 K_β 较小时，外挂挂架俯仰刚度对机翼颤振的影响变得比较明显，在进行机翼设计时需要加以关注。

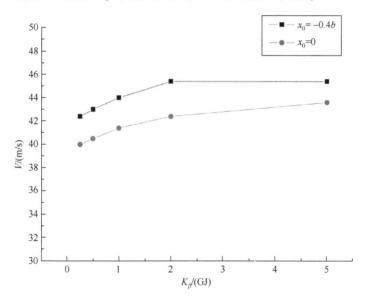

图 3-8　外挂挂架俯仰刚度对颤振速度的影响

2. 多个外挂的情况

对于多个外挂的情况，以机翼携带 3 个相同外挂为例，外挂位置分别为 $0.4L$、$0.5L$、$0.6L$（L 为机翼半展长），计算时分别改变外挂质量和转动惯量两个参数，研究其对机翼颤振影响规律。外挂质量的改变会影响机翼的气动特性，如图 3-9 所示，横坐标表示外挂质量，纵坐标表示颤振速度。转动惯量的改变也会对机翼气动特性产生较大影响，如图 3-10 所示，横坐标为外挂的转动惯量 I_0 和机翼单位长度转动惯量 I_α 之比，纵坐标表示颤振速度。另外，图 3-9 和图 3-10 还表示出外挂处沿弦向距弹性轴距离 x 分别为 $-40\%b$、0、$40\%b$ 三种情形下的颤振速度。从图 3-9 和图 3-10 中可以看出，使用此方法得到的机翼颤振结果是符合气动规律的，这说明此方法是可行且有效的。

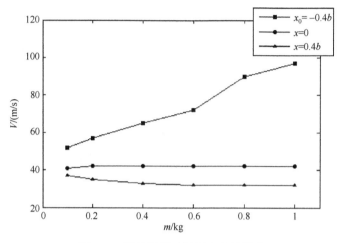

图 3-9　外挂质量对颤振速度的影响

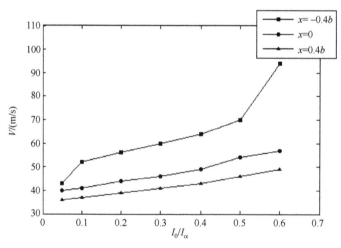

图 3-10　外挂转动惯量对颤振速度的影响

外挂位置沿展向位置变化对机翼气动特性的影响如图 3-11 所示。仍以带 3 个相同外挂的机翼为例，外挂位置沿展向间隔 0.1L，以 3 个外挂中位于中间的外挂的挂点坐标来描述这 3 个外挂相对机翼的位置。图 3-11 中的横坐标表示中间的外挂展向位置坐标 y 与机翼半展长 L 之比，纵坐标表示机翼颤振速度。由图 3-11 中的曲线可见，随着外挂位置从翼根到翼尖，当外挂弦向位

置在弹性轴前或在弹性轴上时，机翼颤振速度有明显的提高趋势，当外挂位
于机翼弹性轴前时，颤振速度的提升尤为明显；而当外挂弦向位置在机翼弹
性轴后时，气颤振速度有所下降。此规律对大展弦比飞行器设计具有指导意
义，为使大展弦比飞行器机翼拥有更高的颤振特性，应尽可能使外挂位于机
翼弹性轴前且靠近翼尖。

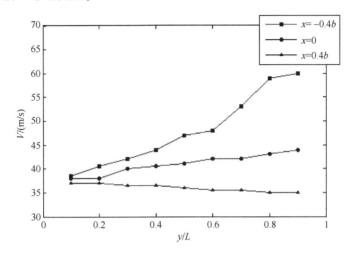

图 3-11　在机翼展向位置对颤振速度的影响

　　外挂数量也是影响机翼气动特性的重要参数。因此，本节着重分析外挂
数量对气动特性的影响，其中，外挂挂点沿机翼展向均匀分布。下面从两个
角度进行分析。

　　一是单个外挂质量不变，随着外挂数量的增加，外挂总质量增加，颤振
特性如图 3-12 所示，横坐标表示外挂数量，纵坐标表示机翼颤振速度。由
图 3-12 可见，机翼颤振速度变化基本与图 3-9 相同，即外挂处沿弦向位于弹
性轴前时，随着外挂数量的增加（外挂总质量增加），机翼颤振速度有明显的
提高趋势；外挂处沿弦向位于机翼弹性轴上或弹性轴后时，随着外挂数量的
增加（外挂总质量增加），机翼颤振速度略有降低。

　　二是外挂总质量不变，随着外挂数量的增加，单个外挂质量减小，颤振特
性如图 3-13 所示，横坐标表示外挂数量，纵坐标表示颤振速度。由图 3-13 可
见，随着外挂数量的增加，即外挂质量更加均匀地分布在机翼上，外挂处在
机翼弹性轴前或机翼弹性轴后时，机翼颤振速度都有明显的提高趋势，其中
位于弹性轴前时，颤振速度提高更为明显。在进行机翼及外挂气动布局设计
时，若外挂的总质量不变，应尽量将外挂均匀挂在机翼弹性轴前，这样可使
机翼获得更加优秀的颤振特性。

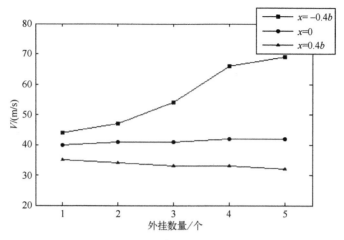

图 3-12　单个外挂质量不变时的颤振特性

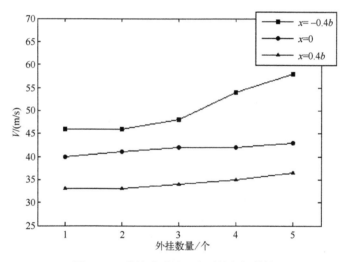

图 3-13　外挂总质量不变时的颤振特性

第4章　带操纵面大展弦比机翼颤振稳定性分析的传递函数方法

4.1　引言

20世纪20年代末，Küssner、Duncan和Fraze发展了机翼颤振理论的主要内容[64]。直到1935年，Theodorsen T.[65]成功地获得了具有舵面的折线翼型在谐振动下非定常空气动力问题的精确解，才开创了解析求解二元机翼颤振的时代。在Theodorsen工作的基础上，后人结合V-g法、P-k法等颤振分析方法，广泛进行了低速二元机翼颤振问题的计算和分析[66-68]。高红娜等人[69]还基于拉格朗日方程和超音速气动力的活塞理论建立了超音速气流中二元带操纵面机翼颤振系统的动力学模型，并采用数值积分法得出了系统的临界颤振速度。

对于带操纵面三维机翼的颤振问题，杨永年等人[70]应用偶极子格网法对一个机翼–副翼–调整片颤振模型进行了三元非定常气动力和颤振计算，而且还研究了网格数目对结果收敛性的影响。Mark F.等人[71]采用片条理论和偶极子格网法对T–46A喷气式教练机的机翼副翼颤振问题进行了研究。徐春光等人[72]基于非结构动网格技术，在跨声速非线性气动力条件下，对带操纵面翼面的跨声速颤振特性进行了数值模拟。胡巍等人[73]在带操纵面三元机翼的地面颤振试验研究中，提出了一种气动力模型的二次降阶方法。该方法可以有效地减少操纵面上激振点的个数，进而降低激振器控制系统的设计难度。

由上述可知，对于带操纵面三维机翼的颤振分析，目前主要采用数值方法。本章提出一种处理带操纵面大展弦比机翼颤振问题的半解析半数值方法——传递函数方法。

4.2　带操纵面大展弦比机翼颤振分析模型

4.2.1　带操纵面翼段机翼单元颤振模型

一根带操纵面的长直机翼，其半展长为L，如图4-1所示。取固支端与机翼刚轴的交点为原点建立坐标系，y 轴沿机翼轴线从翼根指向翼尖；x 轴沿机翼弦向由前缘指向后缘，与 y 轴正交；z 轴与 x、y 轴构成右手坐标系；黑色区间内为机翼的操纵面。

将该直机翼离散为若干单元，注意在单元划分时，操纵面两端需位于单元节点上。由图 4-1 可知，机翼单元可以划分两类，一类为带操纵面的机翼单元，如图 4-2 所示；另一类为不带操纵面的机翼单元，如图 4-3 所示。下面分别建立两类机翼单元的颤振模型。

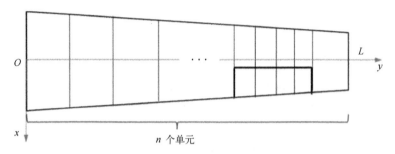

图 4-1　长直机翼离散

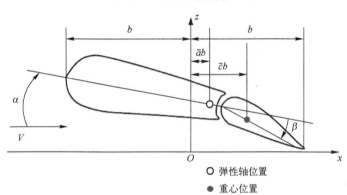

图 4-2　带操纵面翼段的剖面图

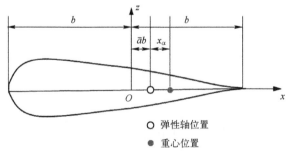

图 4-3　不带操纵面翼段的剖面图

对于带操纵面翼段，当单元划分足够细时，单元内的物理参数变化可近似为线性变化，在单元局部坐标系下，机翼单元的弯扭振动微分方程可写为

$$
\begin{cases}
\dfrac{EI(\xi)}{l_i^4}\dfrac{\partial^4 h}{\partial \xi^4}+\dfrac{2(EI(1)-EI(0))}{l_j^4}\dfrac{\partial^3 h}{\partial \xi^3}+ \\[2mm]
\qquad m(\xi)\dfrac{\partial^2 h}{\partial t^2}-S_\alpha(\xi)\dfrac{\partial^2 \alpha}{\partial t^2}-S_\beta(\xi)\dfrac{\partial^2 \beta}{\partial t^2}-L_h(\xi)=0 \\[2mm]
\dfrac{GJ(\xi)}{l_i^2}\dfrac{\partial^2 \alpha}{\partial \xi^2}+\dfrac{GJ(1)-GJ(0)}{l_j^2}\dfrac{\partial \alpha}{\partial \xi}-I_\alpha(\xi)\dfrac{\partial^2 \alpha}{\partial t^2}+ \\[2mm]
\qquad S_\alpha(\xi)\dfrac{\partial^2 h}{\partial t^2}-[I_\beta(\xi)+(\bar c-\bar a)b(\xi)S_\beta(\xi)]\dfrac{\partial^2 \beta}{\partial t^2}+T_\alpha(\xi)=0 \\[2mm]
K_\beta(\xi)\beta+I_\beta(\xi)\dfrac{\partial^2 \beta}{\partial t^2}-S_\beta(\xi)\dfrac{\partial^2 h}{\partial t^2}+ \\[2mm]
\qquad [I_\beta(\xi)+(\bar c-\bar a)b(\xi)S_\beta(\xi)]\dfrac{\partial^2 \alpha}{\partial t^2}-T_\beta(\xi)=0
\end{cases}
\tag{4-1}
$$

其中，h 为机翼弯曲振动位移；α 为机翼扭转振动转角；β 为机翼操纵面偏转角；L_h 为机翼单位长度的升力；T_α 为机翼单位长度的扭矩；T_β 为机翼操纵面单位长度舵面对铰链轴的扭矩；y 为机翼展向坐标；t 为时间；$K_\beta(\xi)$ 为操纵面铰链连接刚度。

式（4-1）中，$EI(\xi)$ 为机翼抗弯刚度，其在单元内的变化如下：

$$
EI(\xi)=EI(0)+\frac{EI(1)-EI(0)}{l_j}\xi \tag{4-2}
$$

其中，y 为机翼展向坐标；ξ 为机翼展向无量纲坐标，$\xi=y/l_j$，$\xi\in(0,1)$；l_j 为机翼单元长度；机翼其他物理参数，如 $GJ(\xi)$、$m(\xi)$、$I_\alpha(\xi)$、$I_\beta(\xi)$、$S_\alpha(\xi)$、$S_\beta(\xi)$、$b(\xi)$ 等也是如此，$GJ(\xi)$ 为带操纵面机翼段的抗扭刚度，$m(\xi)$ 为带操纵面机翼段的线密度，$I_\beta(\xi)$、$S_\beta(\xi)$ 分别为单位长度操纵面绕铰链轴的转动惯量、质量静矩，$I_\alpha(\xi)$、$S_\alpha(\xi)$ 分别为单位长度机翼绕弹性轴的转动惯量、质量静矩，有

$$
\begin{cases}
S_\alpha(\xi)=m(\xi)x_\alpha(\xi) \\
S_\beta(\xi)=m(\xi)x_\beta(\xi)
\end{cases}
\tag{4-3}
$$

其中，$x_\alpha(\xi)$ 为单位展长机翼质心到刚心的距离；$x_\beta(\xi)$ 为单位长度操纵面质心到操纵面铰链轴的等效距离。

在忽略机翼重力影响的条件下，机翼颤振时的外力只有气动力。本节采

用片条理论进行非定常气动力计算。根据 Theodorson 理论，带操纵面机翼段单位长度的非定常气动力和气动力矩按下式计算[20]：

$$
\begin{cases}
L_h = \pi\rho b^2\left(-\dfrac{\partial^2 h}{\partial t^2}+V\dfrac{\partial\alpha}{\partial t}-b\bar{a}\dfrac{\partial^2\alpha}{\partial t^2}-\dfrac{V}{\pi}T_1\dfrac{\partial^2\beta}{\partial t^2}\right)+2\pi\rho Vb C(k)Q_a \\[2mm]
T_\alpha = \pi\rho b^2\left(-b\bar{a}\dfrac{\partial^2 h}{\partial t^2}-Vb\left(\dfrac{1}{2}-\bar{a}\right)\dfrac{\partial\alpha}{\partial t}-b^2\left(\dfrac{1}{8}+\bar{a}^2\right)\dfrac{\partial^2\alpha}{\partial t^2}-\dfrac{V^2}{\pi}(T_1+T_{10})\beta\right)+ \\[2mm]
\quad \dfrac{Vb}{\pi}(-T_1+T_8+(\bar{c}-\bar{a})T_4-0.5T_{11})\dfrac{\partial\beta}{\partial t}+\dfrac{b^2}{\pi}(T_7+(\bar{c}-\bar{a})T_1)\dfrac{\partial^2\beta}{\partial t^2}+ \\[2mm]
\quad 2\pi\rho Vb^2\left(\dfrac{1}{2}+\bar{a}\right)C(k)Q_a \\[2mm]
T_\beta = \pi\rho b^2\left(-\dfrac{b}{\pi}T_1\dfrac{\partial^2 h}{\partial t^2}+\dfrac{Vb}{\pi}\left(2T_9+T_1-\left(\bar{a}-\dfrac{1}{2}\right)T_4\right)\dfrac{\partial\alpha}{\partial t}-\dfrac{2b^2}{\pi}T_{13}\dfrac{\partial^2\alpha}{\partial t^2}\right. \\[2mm]
\quad \left.-\left(\dfrac{V}{\pi}\right)^2(T_5-T_4T_{10})\beta+\dfrac{Vb}{2\pi^2}T_4T_{11}\dfrac{\partial\beta}{\partial t}+\left(\dfrac{b}{\pi}\right)^2 T_3\dfrac{\partial^2\beta}{\partial t^2}\right)-\rho Vb^2 T_{12}C(k)Q_a
\end{cases} \tag{4-4}
$$

其中，V 为空速；ρ 为空气密度；$C(k)$ 为 Theodrosen 函数；$k=\omega b/V$ 为减缩频率；ω 为圆频率；$\bar{a}$ 为机翼弹性轴到机翼弦长中点的距离占半弦长的百分比；Q_a、$T_i(i=1,\cdots,14)$ 等符号的含义见参考文献[65]。减缩频率 k 是圆频率 ω 和空速 V 的函数，为了后续求解方便，将 $C(k)$ 写为 $C(\omega,V)$。

将式（4-4）代入式（4-1），可得到带操纵面翼段机翼单元的颤振模型，并进行 Fourier 变换后可得到

$$
\begin{cases}
\dfrac{EI(\xi)}{l_i^4}\dfrac{\partial^4 h}{\partial\xi^4}=-\dfrac{2(EI(1)-EI(0))}{l_j^4}\dfrac{\partial^3 h}{\partial\xi^3}+(A_{11}-m(\xi)(i\omega)^2)h+ \\[2mm]
\quad (S_\alpha(\xi)(i\omega)^2+A_{12})\alpha+(S_\beta(\xi)(i\omega)^2+A_{13})\beta=0 \\[2mm]
\dfrac{GJ(\xi)}{l_i^2}\dfrac{\partial^2\alpha}{\partial\xi^2}=-\dfrac{GJ(1)-GJ(0)}{l_j^2}\dfrac{\partial\alpha}{\partial\xi}+(I_\alpha(\xi)(i\omega)^2-A_{22})\alpha- \\[2mm]
\quad (S_\alpha(\xi)(i\omega)^2+A_{21})h+\{[I_\beta(\xi)+(\bar{c}-\bar{a})b(\xi)S_\beta(\xi)](i\omega)^2-A_{23}\}\beta=0 \\[2mm]
\beta=\dfrac{[S_\beta(\xi)(i\omega)^2+A_{31}]h+\{A_{32}-[I_\beta(\xi)+(\bar{c}-\bar{a})b(\xi)S_\beta(\xi)](i\omega)^2\}\alpha}{(K_\beta(\xi)+I_\beta(\xi)(i\omega)^2-A_{33})}
\end{cases} \tag{4-5}
$$

其中，$i=\sqrt{-1}$，$A_{kj}(k,j=1,2,3)$ 表达式如下：

$$
\left\{
\begin{aligned}
&A_{11} = -\pi\rho b^2(\mathrm{i}\omega)^2 + 2\pi\rho VbC(k)(\mathrm{i}\omega) \\
&A_{12} = \pi\rho b^2\big[(\mathrm{i}\omega)V - b\bar{a}\big](\mathrm{i}\omega)^2 + 2\pi\rho VbC(k)\big[V + b(0.5-\bar{a})(\mathrm{i}\omega)\big] \\
&A_{13} = -VT_1\rho b^2(\mathrm{i}\omega) + 2\rho VbC(k)\left[VT_{10} + \frac{b}{2}(\mathrm{i}\omega)\right] \\
&A_{21} = -\bar{a}\pi\rho b^3(\mathrm{i}\omega)^2 + 2\pi\rho Vb^2\left(\frac{1}{2}+\bar{a}\right)C(k)(\mathrm{i}\omega) \\
&A_{22} = \pi\rho b^2\left[-Vb\left(\frac{1}{2}-\bar{a}\right)(\mathrm{i}\omega) - b^2\left(\frac{1}{8}+\bar{a}^2\right)(\mathrm{i}\omega)^2\right] + \\
&\qquad\quad 2\pi\rho Vb^2\left(\frac{1}{2}+\bar{a}\right)C(k)\big[V + b(0.5-\bar{a})(\mathrm{i}\omega)\big] \\
&A_{23} = -V^2(T_1+T_{10})\rho b^2 + \frac{Vb}{\pi}\big(-T_1+T_8+(\bar{c}-\bar{a})T_4-0.5T_{11}\big)(\mathrm{i}\omega) + \\
&\qquad\quad \frac{b^2}{\pi}\big(T_7+(\bar{c}-\bar{a})T_1\big)(\mathrm{i}\omega)^2 + 2\rho Vb^2\left(\frac{1}{2}+\bar{a}\right)C(k)\left(VT_{10}+\frac{b}{2}(\mathrm{i}\omega)\right) \\
&A_{31} = -bT_1\rho b^2(\mathrm{i}\omega)^2 - \rho Vb^2 T_{12}C(k)(\mathrm{i}\omega) \\
&A_{32} = \rho b^2\left[Vb\left(2T_9+T_1-\left(\bar{a}-\frac{1}{2}\right)T_4\right)(\mathrm{i}\omega) - 2b^2 T_{13}(\mathrm{i}\omega)^2\right] - \\
&\qquad\quad \rho Vb^2 T_{12}C(k)\big[V+b(0.5-\bar{a})(\mathrm{i}\omega)\big] \\
&A_{33} = \rho b^2\left(-\frac{V^2}{\pi}(T_5-T_4T_{10}) + \frac{Vb}{2\pi}T_4T_{11}(\mathrm{i}\omega) + \frac{b^2}{\pi}T_3(\mathrm{i}\omega)^2\right) - \\
&\qquad\quad \rho Vb^2 T_{12}C(k)\left[\frac{V}{\pi}T_{10}+\frac{b}{2\pi}(\mathrm{i}\omega)\right]
\end{aligned}
\right.
$$

4.2.2　不带操纵面翼段机翼单元颤振模型

对于不带操纵面翼段，如图 4-3 所示，当单元划分足够细时，单元内物理参数的变化可近似为线性变化，在单元局部坐标系下，其弯扭振动微分方程为

$$
\left\{
\begin{aligned}
&\frac{EI(\xi)}{l_j^4}\frac{\partial^4 h}{\partial\xi^4} + \frac{2(EI(1)-EI(0))}{l_j^4}\frac{\partial^3 h}{\partial\xi^3} + m(\xi)\frac{\partial^2 h}{\partial t^2} + m(\xi)x_\alpha(\xi)\frac{\partial^2\alpha}{\partial t^2} - L_h(\xi) = 0 \\
&\frac{GJ(\xi)}{l_j^2}\frac{\partial^2\alpha}{\partial\xi^2} + \frac{GJ(1)-GJ(0)}{l_j^2}\frac{\partial\alpha}{\partial\xi} - I_\alpha(\xi)\frac{\partial^2\alpha}{\partial t^2} - m(\xi)x_\alpha(\xi)\frac{\partial^2 h}{\partial t^2} + T_\alpha(\xi) = 0
\end{aligned}
\right.
$$

$$(4-6)$$

根据 Theodorson 理论，不带操纵面翼段单位长度的非定常升力与相应的俯仰力矩按下式计算[20]：

$$
\begin{cases}
L_h = \pi \rho b^2 \left(-\dfrac{\partial^2 h}{\partial t^2} + V\dfrac{\partial \alpha}{\partial t} - b\bar{a}\dfrac{\partial^2 \alpha}{\partial t^2} \right) + \\[2mm]
\qquad 2\pi \rho V b C(k)\left(V\alpha - \dfrac{\partial h}{\partial t} + b\left(\dfrac{1}{2} - \bar{a}\right)\dfrac{\partial \alpha}{\partial t} \right) \\[4mm]
T_\alpha = \pi \rho b^2 \left(-b\bar{a}\dfrac{\partial^2 h}{\partial t^2} - Vb\left(\dfrac{1}{2} - \bar{a}\right)\dfrac{\partial \alpha}{\partial t} - b^2\left(\dfrac{1}{8} + \bar{a}^2\right)\dfrac{\partial^2 \alpha}{\partial t^2} \right) + \\[2mm]
\qquad 2\pi \rho V b^2 \left(\dfrac{1}{2} + \bar{a}\right) C(k)\left(V\alpha - \dfrac{\partial h}{\partial t} + b\left(\dfrac{1}{2} - \bar{a}\right)\dfrac{\partial \alpha}{\partial t} \right)
\end{cases}
\tag{4-7}
$$

将式（4-7）代入式（4-6），可得到不带操纵面的机翼单元的颤振模型，并进行 Fourier 变换后可得到

$$
\begin{cases}
\dfrac{EI(\xi)}{l_j^4}\dfrac{\partial^4 h}{\partial \xi^4} = -\dfrac{2(EI(1)-EI(0))}{l_j^4}\dfrac{\partial^3 h}{\partial \xi^3} + \\[2mm]
\qquad (B_{11} - m(\xi)(\mathrm{i}\omega)^2)h + (B_{12} - m(\xi)x_\alpha(\xi)(\mathrm{i}\omega)^2)\alpha \\[4mm]
\dfrac{GJ(\xi)}{l_j^2}\dfrac{\partial^2 \alpha}{\partial \xi^2} = -\dfrac{GJ(1)-GJ(0)}{l_j^2}\dfrac{\partial \alpha}{\partial \xi} + \\[2mm]
\qquad (I_\alpha(\xi)(\mathrm{i}\omega)^2 - B_{22})\alpha + (m(\xi)x_\alpha(\xi)(\mathrm{i}\omega)^2 - B_{21})h
\end{cases}
\tag{4-8}
$$

其中，$\mathrm{i}=\sqrt{-1}$，$B_{kj}(k,j=1,2)$ 表达式如下：

$$
\begin{cases}
B_{11} = -\pi \rho b^2 (\mathrm{i}\omega)^2 - 2\pi \rho V b C(k)(\mathrm{i}\omega) \\[2mm]
B_{12} = \pi \rho b^2 (V(\mathrm{i}\omega) - b\bar{a}(\mathrm{i}\omega)^2) + 2\pi \rho V b C(k)\left(V + b\left(\dfrac{1}{2} - \bar{a}\right)(\mathrm{i}\omega) \right) \\[2mm]
B_{21} = -\pi \rho b^3 \bar{a}(\mathrm{i}\omega)^2 - 2\pi \rho V b^2 \left(\dfrac{1}{2} + \bar{a}\right) C(k)(\mathrm{i}\omega) \\[2mm]
B_{22} = \pi \rho b^2 \left(-Vb\left(\dfrac{1}{2} - \bar{a}\right)(\mathrm{i}\omega) - b^2\left(\dfrac{1}{8} + \bar{a}^2\right)(\mathrm{i}\omega)^2 \right) + \\[2mm]
\qquad 2\pi \rho V b^2 \left(\dfrac{1}{2} + \bar{a}\right) C(k)\left(V + b\left(\dfrac{1}{2} - \bar{a}\right)(\mathrm{i}\omega) \right)
\end{cases}
$$

4.2.3　机翼边界条件

对于整个机翼，可将其视为一根悬臂梁，机翼两端的边界条件可写为

$$
\begin{cases}
h(0,t)=0,\dfrac{\partial h(0,t)}{\partial y}=0,\alpha(0,t)=0 \\[2mm]
M(L,t)=-EI(L)\dfrac{\partial^2 h(L,t)}{\partial y^2}=0 \\[2mm]
Q(L,t)=-EI(L)\dfrac{\partial^3 h(L,t)}{\partial y^3}=0 \\[2mm]
T(L,t)=-GJ(L)\dfrac{\partial \alpha(0,t)}{\partial y}=0
\end{cases}
\tag{4-9}
$$

其中，L 为机翼半展长。

综合式（4-5）和式（4-8），并结合式（4-9），即可建立整个大展弦比三维机翼的颤振分析模型。

4.3　传递函数方法求解

4.3.1　机翼单元的传递函数

为了应用传递函数方法，分别将带操纵面机翼单元和不带操纵面机翼单元的颤振模型统一为如下形式：

$$
\begin{cases}
\dfrac{\partial^4 \widetilde{h}}{\partial \xi^4}=C_{11}(\omega,V)\dfrac{\partial^3 \widetilde{h}}{\partial \xi^3}+C_{12}(\omega,V)\widetilde{h}+C_{13}(\omega,V)\widetilde{\alpha} \\[3mm]
\dfrac{\partial^2 \widetilde{\alpha}}{\partial \xi^2}=C_{21}(\omega,V)\dfrac{\partial \widetilde{\alpha}}{\partial \xi}+C_{22}(\omega,V)\widetilde{h}+C_{23}(\omega,V)\widetilde{\alpha}
\end{cases}
\tag{4-10}
$$

其中，带操纵面机翼单元和不带操纵面机翼单元的传递函数方程中的系数 $C_{kj}(\omega,V)(k=1,2;j=1,2,3)$ 的表达式是不相同，具体表达式如下。

带操纵面翼段：

$$
C_{11}=\frac{2(EI(1)-EI(0))}{EI(\xi)}
$$

$$
C_{12}=\frac{l_i^4}{EI(\xi)}\left[(A_{11}-m(\xi)(i\omega)^2)+\frac{(S_\beta(\xi)(i\omega)^2+A_{13})(S_\beta(\xi)(i\omega)^2+A_{31})}{K_\beta(\xi)+I_\beta(\xi)(i\omega)^2-A_{33}}\right]
$$

$$
C_{13}=\frac{l_i^4}{EI(\xi)}\left[(S_\alpha(\xi)(i\omega)^2+A_{12})+\right.
$$

$$
\left.\frac{(S_\beta(\xi)(i\omega)^2+A_{13})\{A_{32}-[I_\beta(\xi)+(\bar{c}-\bar{a})b(\xi)S_\beta(\xi)](i\omega)^2\}}{K_\beta(\xi)+I_\beta(\xi)(i\omega)^2-A_{33}}\right]
$$

$$C_{21} = \frac{GJ(1) - GJ(0)}{GJ(\xi)}$$

$$C_{22} = \frac{l_i^2}{GJ(\xi)} \left[-(S_\alpha(\xi)(i\omega)^2 + A_{21}) + \right.$$

$$\left. \frac{\{[I_\beta(\xi) + (\bar{c} - \bar{a})b(\xi)S_\beta(\xi)](i\omega)^2 - A_{23}\}(S_\beta(\xi)(i\omega)^2 + A_{31})}{K_\beta(\xi) + I_\beta(\xi)(i\omega)^2 - A_{33}} \right]$$

$$C_{23} = \frac{l_i^2}{GJ(\xi)} \left[(I_\alpha(\xi)(i\omega)^2 - A_{22}) + \right.$$

$$\left. \frac{\{[I_\beta(\xi) + (\bar{c} - \bar{a})b(\xi)S_\beta(\xi)](i\omega)^2 - A_{23}\}\{A_{32} - [I_\beta(\xi) + (\bar{c} - \bar{a})b(\xi)S_\beta(\xi)](i\omega)^2\}}{K_\beta(\xi) + I_\beta(\xi)(i\omega)^2 - A_{33}} \right]$$

不带操纵面翼段：

$$C_{11} = -\frac{2(EI(1) - EI(0))}{EI(\xi)}, \quad C_{12} = \frac{l_j^4(B_{11} - m(\xi)(i\omega)^2)}{EI(\xi)}, \quad C_{13} = \frac{l_j^4(B_{12} - m(\xi)x_\alpha(\xi)(i\omega)^2)}{EI(\xi)}$$

$$C_{21} = -\frac{GJ(1) - GJ(0)}{GJ(\xi)}, \quad C_{22} = \frac{l_j^2(I_\alpha(\xi)(i\omega)^2 - B_{22})}{GJ(\xi)}, \quad C_{23} = \frac{l_j^2(m(\xi)x_\alpha(\xi)(i\omega)^2 - B_{21})}{GJ(\xi)}$$

根据传递函数方法，定义状态变量向量

$$\boldsymbol{\eta}_e(\xi, \omega) = \left[\tilde{h} \quad \frac{\partial \tilde{h}}{\partial \xi} \quad \frac{\partial^2 \tilde{h}}{\partial \xi^2} \quad \frac{\partial^3 \tilde{h}}{\partial \xi^3} \quad \tilde{\alpha} \quad \frac{\partial \tilde{\alpha}}{\partial \xi} \right]^{\mathrm{T}} \tag{4-11}$$

其中，T 为向量转置；$\tilde{h}$ 为 h 的 Laplace 变换式。

进而，式（4-10）可写成如下状态空间方程的形式：

$$\frac{\partial \boldsymbol{\eta}_e(y, \omega)}{\partial y} = \boldsymbol{F}_e(\omega, V)\boldsymbol{\eta}_e(y, \omega) + \boldsymbol{g}_e(\xi, \omega) \tag{4-12}$$

其中，$\boldsymbol{F}_e(\omega, V) = \begin{bmatrix} \boldsymbol{F}_1(\omega, V) & \boldsymbol{0} \\ \boldsymbol{0} & \boldsymbol{F}_2(\omega, V) \end{bmatrix}$，

$$\boldsymbol{F}_i(\omega, V) = \begin{bmatrix} 0 & 1 & 0 & 0 & 0 & 0 \\ 0 & 0 & 1 & 0 & 0 & 0 \\ 0 & 0 & 0 & 1 & 0 & 0 \\ C_{12}(\omega, V) & 0 & 0 & C_{11}(\omega, V) & C_{13}(\omega, V) & 0 \\ 0 & 0 & 0 & 0 & 0 & 1 \\ C_{22}(\omega, V) & 0 & 0 & 0 & C_{23}(\omega, V) & C_{21}(\omega, V) \end{bmatrix} \quad (i = 1, 2)。$$

式（4-10）为齐次微分方程组，因而式（4-12）中 $\boldsymbol{g}_e(\xi,\omega)=\boldsymbol{0}$。

根据传递函数方法，机翼的边界条件可以写为如下矩阵形式：

$$\boldsymbol{M}_b\boldsymbol{\eta}_e(0,\omega)+\boldsymbol{N}_b\boldsymbol{\eta}_e(1,\omega)=\boldsymbol{\gamma}_e(\omega) \tag{4-13}$$

其中，$\boldsymbol{M}_b$ 为机翼单元左端边界条件选择矩阵；$\boldsymbol{N}_b$ 为机翼单元右端边界条件选择矩阵。因而，$\boldsymbol{M}_b$、$\boldsymbol{N}_b$ 的表达式可写为

$$\boldsymbol{M}_b=\begin{bmatrix} 1 & 0 & 0 & 0 & 0 & 0 \\ 0 & 0 & 0 & 0 & 1 & 0 \\ 0 & 1 & 0 & 0 & 0 & 0 \\ 0 & 0 & 0 & 0 & 0 & 0 \\ 0 & 0 & 0 & 0 & 0 & 0 \\ 0 & 0 & 0 & 0 & 0 & 0 \end{bmatrix},\ \boldsymbol{N}_b=\begin{bmatrix} 0 & 0 & 0 & 0 & 0 & 0 \\ 0 & 0 & 0 & 0 & 0 & 0 \\ 0 & 0 & 0 & 0 & 0 & 0 \\ 1 & 0 & 0 & 0 & 0 & 0 \\ 0 & 0 & 0 & 0 & 1 & 0 \\ 0 & 1 & 0 & 0 & 0 \end{bmatrix}$$

$$\boldsymbol{\gamma}_e(\omega)=\begin{bmatrix} \widetilde{h}(0,\omega) & \widetilde{\alpha}(0,\omega) & \dfrac{\partial\,\widetilde{h}(0,\omega)}{\partial\xi} & \widetilde{h}(1,\omega) & \widetilde{\alpha}(1,\omega) & \dfrac{\partial\,\widetilde{h}(1,\omega)}{\partial\xi} \end{bmatrix}^{\mathrm{T}} \tag{4-14}$$

根据传递函数理论，式（4-12）的解可写为

$$\boldsymbol{\eta}_e(\xi,\omega)=\boldsymbol{H}_e(\xi,\omega,V)\boldsymbol{\gamma}_e(\omega)+\boldsymbol{f}_e(\xi,\omega) \tag{4-15}$$

其中，

$$\begin{cases} \boldsymbol{H}_e(\xi,\omega,V)=\boldsymbol{\Phi}_F(\xi,0,\omega,V)\left[\boldsymbol{M}_b\boldsymbol{\Phi}_F(0,0,\omega,V)+\boldsymbol{N}_b\boldsymbol{\Phi}_F(1,0,\omega,V)\right]^{-1} \\[2mm] \boldsymbol{f}_e(\xi,\omega)=\displaystyle\int_0^1\boldsymbol{G}(\xi,\zeta,\omega,V)\boldsymbol{g}_e(\zeta,\omega)\mathrm{d}\zeta \\[2mm] \boldsymbol{G}(\xi,\zeta,\omega,V)=\begin{cases} \boldsymbol{H}_e(\xi,\omega,V)\boldsymbol{M}_b\boldsymbol{\Phi}_F(0,\zeta,\omega,V) & (\zeta<\xi) \\ -\boldsymbol{H}_e(\xi,\omega,V)\boldsymbol{N}_b\boldsymbol{\Phi}_F(1,\zeta,\omega,V) & (\zeta>\xi) \end{cases} \\[2mm] \boldsymbol{\Phi}_F(\xi,\zeta,V)=\mathrm{e}^{F(\xi,\omega,V)\zeta} \end{cases} \tag{4-16}$$

$\boldsymbol{g}_e(\zeta,\omega)=0$，因此式（4-15）中 $\boldsymbol{f}_e(\xi,\omega)=0$，即

$$\boldsymbol{\eta}_e(\xi,\omega)=\boldsymbol{H}_e(\xi,\omega,V)\boldsymbol{\gamma}_e(\omega) \tag{4-17}$$

4.3.2　单元组集与求解

对于整个机翼，其总体求解方程可借鉴有限元方法的思想进行组集，具体推导如下。

机翼单元截面上的内力为

$$\boldsymbol{\sigma}_e(\xi,\omega) = \begin{bmatrix} M(\xi,\omega) \\ F(\xi,\omega) \\ Q(\xi,\omega) \end{bmatrix} = \begin{bmatrix} \dfrac{EI(\xi)}{l_i^2}\dfrac{\partial^2 \widetilde{h}}{\partial \xi^2} \\[3mm] \dfrac{EI(\xi)}{l_i^3}\dfrac{\partial^3 \widetilde{h}}{\partial \xi^3} + \dfrac{EI(1)-EI(0)}{l_i^3}\dfrac{\partial^2 \widetilde{h}}{\partial \xi^2} \\[3mm] \dfrac{GJ(\xi)}{l_i}\dfrac{\partial \widetilde{\alpha}}{\partial \xi} \end{bmatrix} \qquad (4\text{-}18)$$

其中，$M(\xi,\omega)$、$F(\xi,\omega)$、$Q(\xi,\omega)$ 分别为机翼单元的弯矩、剪力、扭矩。

将状态向量 $\boldsymbol{\eta}_e(\xi,\omega)$ 引入式（4-18），则机翼单元内力可写成如下矩阵形式：

$$\boldsymbol{\sigma}_e(\xi,\omega) = E_{e\eta}(\xi)\boldsymbol{\eta}_e(\xi,\omega) \qquad (4\text{-}19)$$

其中，

$$E_{e\eta}(\xi) = \begin{bmatrix} 0 & 0 & \dfrac{EI(\xi)}{l_i^2} & 0 & 0 & 0 \\[3mm] 0 & 0 & \dfrac{EI(1)-EI(0)}{l_i^3} & \dfrac{EI(\xi)}{l_i^3} & 0 & 0 \\[3mm] 0 & 0 & 0 & 0 & 0 & \dfrac{GJ(\xi)}{l_i} \end{bmatrix} \qquad (4\text{-}20)$$

将式（4-15）代入式（4-19）后，取 $x=0$、$x=1$，则可分别得到机翼单元两端点处内力表达式，即

$$\boldsymbol{\sigma}_e(\omega) = \begin{bmatrix} \boldsymbol{\sigma}_e(0,\omega) \\ \boldsymbol{\sigma}_e(1,\omega) \end{bmatrix} = \begin{bmatrix} E_{e\eta}(0)\boldsymbol{H}_e(0,\omega,V) \\ E_{e\eta}(1)\boldsymbol{H}_e(1,\omega,V) \end{bmatrix}\boldsymbol{\gamma}_e(\omega) \qquad (4\text{-}21)$$

式（4-21）与有限元法中单元节点力表达式十分相似。其中，令 $\boldsymbol{K}_e(\omega,V) = \begin{bmatrix} E_{e\eta}(0)\boldsymbol{H}_e(0,\omega,V) \\ E_{e\eta}(1)\boldsymbol{H}_e(1,\omega,V) \end{bmatrix}$，可视为单元刚度矩阵；$\boldsymbol{\gamma}_e(\omega)$ 可视为单元节点位移向量。因而，可按照有限元组集方法对各单元节点统一编号，并进行组集拼接，可得到机翼整体平衡方程

$$\boldsymbol{K}(\omega,V)\boldsymbol{\gamma}(\omega) = \boldsymbol{F}(\omega) \qquad (4\text{-}22)$$

其中，$\boldsymbol{K}(\omega,V)$ 可视为整体刚度矩阵；$\boldsymbol{\gamma}(\omega)$ 可视为整体节点位移向量；$\boldsymbol{F}(\omega)$ 为各单元节点内力拼装成的向量。

本书中将机翼的气动力与机翼作为一个完整的系统来考虑，且忽略重力，除此之外，机翼没有受到其他外力作用，因而根据单元节点内力与外载荷平

衡，可得出

$$F(\omega) = 0 \tag{4-23}$$

根据机翼约束条件，可按照有限元方法对整体刚度矩阵 $K(\omega, V)$ 进行边界条件处理[15,16]。

当机翼颤振时，$\gamma(\omega)$ 应有非零解，此时必须满足条件

$$\det[K(\omega, V)] = 0 \tag{4-24}$$

$K(\omega, V)$ 为复矩阵，其行列式值等于零的必要条件为矩阵行列式值的实部与虚部均为零，即

$$\begin{cases} \mathrm{Re}\{\det[K(\omega, V)]\} = 0 \\ \mathrm{Im}\{\det[K(\omega, V)]\} = 0 \end{cases} \tag{4-25}$$

矩阵 $K(\omega, V)$ 中有空速 V 和圆频率 ω 两个变量，而式（4-25）恰好有两个方程，可以定解。求解上述方程组时，可能会得到多个满足方程组的解，即存在多组 (V, ω) 能满足式（4-24）。根据机翼颤振时在某一空速时由稳定转变为不稳定，空速 V 最小的一组解 (V, ω) 应为机翼的颤振速度和相应的颤振频率。

具体求解过程如下。

步骤 1：确定机翼的空速 V 和圆频率 ω 的可能大致范围 $\begin{cases} V \in (V_0, V_1) \\ \omega \in (\omega_0, \omega_1) \end{cases}$。

步骤 2：在 $\begin{cases} V \in (V_0, V_1) \\ \omega \in (\omega_0, \omega_1) \end{cases}$ 范围内划分合适步长 ΔV 和 $\Delta \omega$，并进行离散，空速 V 和圆频率 ω 依次取值为 $\begin{cases} V = V_0 + i\Delta V & (i = 0, 1, 2, 3, \cdots) \\ \omega = \omega_0 + j\Delta \omega & (j = 0, 1, 2, 3, \cdots) \end{cases}$。

步骤 3：取空速 $V = V_0$，圆频率 ω 依次取 $\omega_0 + j\Delta \omega (j = 0, 1, 2, 3, \cdots)$，根据空速 V 和圆频率 ω 的取值及机翼各物理参数计算系数 $C_{kl}(\omega, V)$ 的值。

步骤 4：利用系数 $C_{kl}(\omega, V)$ 计算式（4-12）中的矩阵 $F(\omega, V)$。

步骤 5：将矩阵 $F(\omega, V)$、M_b、N_b 的值代入式（4-25），计算 $\mathrm{Re}\{\det[K(\omega, V)]\}$ 和 $\mathrm{Im}\{\det[K(\omega, V)]\}$。

步骤 6：依次取空速 $V = V_0 + j\Delta V (j = 1, 2, 3, \cdots)$，重复步骤 3~步骤 5，计算相应的 $\mathrm{Re}\{\det[K(\omega, V)]\}$ 和 $\mathrm{Im}\{\det[K(\omega, V)]\}$。

步骤 7：确定满足式（4-25）的空速 V 和圆频率 ω。

需要指出的是，为了便于寻找满足式（4-25）的解，可绘制 $\mathrm{Re}\{\det[K(\omega, V)]\}$ 和 $\mathrm{Im}\{\det[K(\omega, V)]\}$ 的等值线图，进而利用等值线图确定机翼的

颤振速度和相应的颤振频率；为了提高计算效率和精度，可在 $\begin{cases} V \in (V_0, V_1) \\ \omega \in (\omega_0, \omega_1) \end{cases}$ 范围内确定机翼颤振速度所在的较小范围 $\begin{cases} V' \in (V_0', V_1') \\ \omega' \in (\omega_0', \omega_1') \end{cases}$，在此较小范围内划分更细的步长 $\Delta V'$ 和 $\Delta \omega'$，再绘制 $\mathrm{Re}\{\det[\boldsymbol{K}(\omega, V)]\}$ 和 $\mathrm{Im}\{\det[\boldsymbol{K}(\omega, V)]\}$ 的等值线图，确定机翼的颤振速度和相应的颤振频率。

4.4　算例验证及分析

4.4.1　带操纵面大展弦比均匀直机翼的颤振计算

本算例中采用本书方法和经典的 $P\text{-}k$ 法计算某带操纵面大展弦比均匀直机翼的颤振特性。为了方便建模，不含操纵面翼段的主要物理参数仍取表 2-1 中的数据，含操纵面翼段的主要物理参数如表 4-1 所示。

表 4-1　带操纵面翼段的物理参数

操纵面单位长度质量 m_c	$0.25m$
操纵面长度 L_c	$0.2L$
操纵面弦长 b_c	$0.5b$
操纵面质心位置 y_c	$0.7L$
操纵面铰链位置 $\bar{c}$	0.5
操纵面质心到铰链距离 x_β	$0.125b$
操纵面单位长度转动惯量 I_β	$0.01I_\alpha$
操纵面铰链刚度 K_β	$0.066GJ$

基于梁模型建立某带操纵面机翼的有限元模型，如图 4-4 所示，翼根固支。采用经典的 $P\text{-}k$ 法，在 MSC.Flightloads 中进行机翼颤振计算，得到该模型的主要固有模态，如表 4-2 所示。

图 4-4　带操纵面机翼的有限元模型

表 4-2　主要固有频率及颤振特性

固 有 频 率		颤 振 特 性	
1 阶弯曲	2.83Hz	颤振速度	33.5m/s
2 阶弯曲	19.31Hz		
1 阶扭转	44.39Hz	颤振频率	29.1Hz
3 阶弯曲	60.75Hz		

图 4-5 给出了带操纵面大展弦比机翼的 V-g 曲线与 V-f 曲线，由图可知，该机翼的颤振速度为 33.5m/s，颤振频率为 29.1Hz。

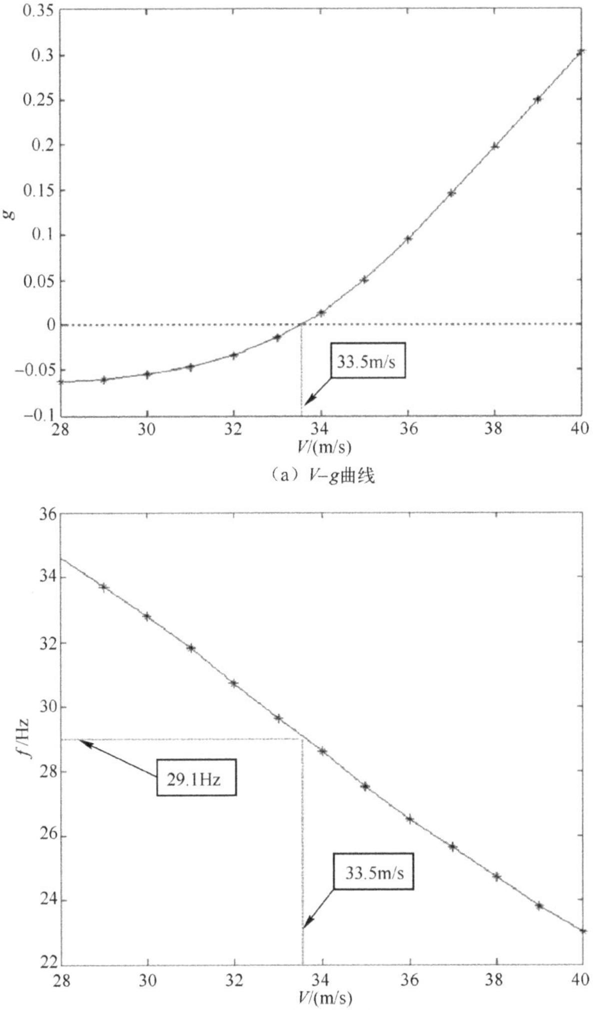

（a）V-g 曲线

（b）V-f 曲线

图 4-5　机翼颤振特性曲线

下面采用本书方法计算带操纵面大展弦比机翼的颤振特性。图 4-6 给出了 Re[det $\boldsymbol{A}$] 和 Im[det $\boldsymbol{A}$] 的等值线图，A 点即为机翼颤振特性的解。从图 4-6 中可以得到，该机翼的颤振速度为 33.6m/s，颤振频率为 23.6Hz。

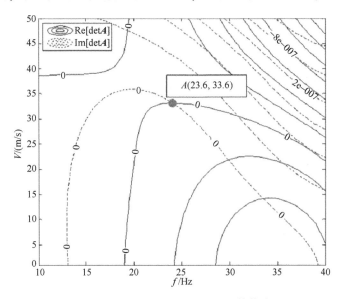

图 4-6　Re[det $\boldsymbol{A}$] 和 Im[det $\boldsymbol{A}$] 的等值线图

由此可知，本书方法和 $P\text{-}k$ 法得到的机翼颤振速度吻合得较好，颤振频率存在一定误差。这是因为，采用 MSC. FlightLoads 进行气弹分析时，在结构方面进行了动力学降阶，利用了机翼若干低阶模态，模态的选用会影响结果的精度。在气动力模型方面，MSC. FlightLoads 采用的涡格法，能考虑机翼的三维效应；而本书方法在结构方面直接采用微分方程，避免了模态降阶，但在气动力模型方面采用的是片条理论，不能考虑机翼的三维效应。因此，两种方法在机翼颤振结果上存在一定的差异。

4.4.2　一般带操纵面大展弦比机翼的颤振计算

在工程实际中，均匀直机翼很少使用。通常机翼的抗弯刚度、抗扭刚度、弦长等物理参数均是随展长变化的，而且机翼还会有上反角、后掠角等。

本节采用本书方法计算一般的带操纵面大展弦比机翼的颤振特性，并与 MSC. Flightloads 的计算结果进行对比。机翼的主要物理参数如表 4-1 所示。机翼弹性轴和质心轴均位于弦长中线轴上，机翼操纵面主要物理参数取表 4-3 中数据。

表 4-3　一般带操纵面大展弦比机翼主要物理参数

y/L	$2b/m$	$EI/(\times10^6 N/m^2)$	$GJ/(\times10^6 N/m^2)$	m/kg	$I_\alpha/kg\cdot m^2$
0	3.15	4.08	1.60	79.0	74.0
0.1	2.94	3.00	1.30	37.5	32.6
0.2	2.74	1.87	1.04	32.5	26.0
0.3	2.53	1.24	0.76	28.0	19.7
0.4	2.32	0.82	0.52	23.5	13.7
0.5	2.11	0.53	0.37	19.5	9.25
0.6	1.91	0.32	0.28	15.5	5.83
0.7	1.70	0.17	0.20	12.5	3.51
0.8	1.49	0.09	0.14	10.5	2.28
0.9	1.29	0.05	0.08	8.50	1.51
1.0	1.08	0.04	0.05	6.20	0.99

从图 4-7 中可得出，该大展弦比机翼操纵面的颤振速度为 129.1m/s，颤振频率为 12.6Hz。采用经典的 P-k 法在 MSC.Flightloads 中计算得到的机翼颤振速度为 132.4m/s，颤振频率为 10.9Hz，两种方法的结果吻合得较好。

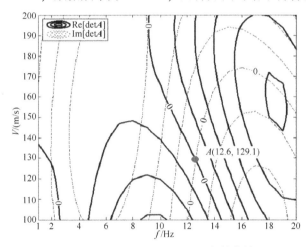

图 4-7　Re[det A] 和 Im[det A] 的等值线图

基于该带操纵面的大展比机翼，下面进一步讨论操纵面位置、连接刚度、质量、转动惯量等因素对机翼颤振特性的影响。

该带操纵面机翼颤振模型可以考虑机翼长度特性，图 4-8 给出了操纵面在机翼展向上位置对机翼颤振特性的影响。图中横坐标为机翼操纵面展向位置 y_c 与机翼半展长 L 的比值，左纵坐标为颤振速度，右纵坐标为颤振频率。从图 4-8 中可以看出，随着操纵面从机翼展长 50% 处向翼尖移动，机翼颤振速度是减小的，颤振频率有所增加，这有利于机翼颤振稳定性的提高。

操纵面连接刚度也是机翼操纵面的重要参数。操纵面连接刚度对机翼颤振特性的影响如图 4-9 所示。图中横坐标为机翼操纵面连接刚度 K_β 与机翼单

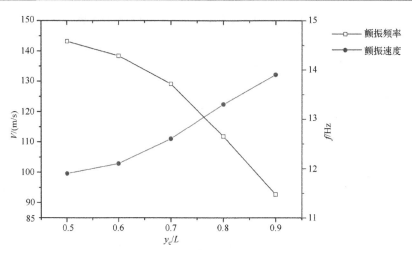

图 4-8　机翼操纵面位置对颤振特性的影响

位抗扭刚度 GJ 的比值，左纵坐标为机翼颤振速度，右纵坐标为机翼颤振频率。从图中可以看出，当 GJ 不变、K_β 改变时，若操纵面连接刚度 K_β 较大，则对机翼颤振速度和颤振频率影响不大；但是，若 K_β 较小，则对机翼颤振影响变得比较明显，在进行机翼设计时需要加以关注。

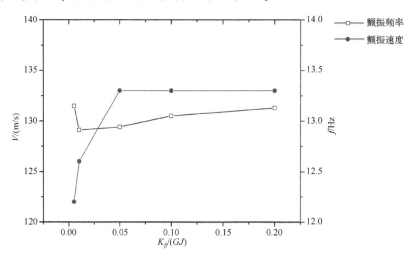

图 4-9　操纵面连接刚度对颤振特性的影响

　　操纵面质量对机翼颤振特性的影响如图 4-10 所示。图中横坐标为机翼操纵面质量 m_c 与机翼单位长度质量 m 的比值，左纵坐标为机翼颤振速度，右纵坐标为机翼颤振频率。操纵面质心位置对机翼颤振特性的影响如图 4-11 所示。图中横坐标为机翼操纵面质量 x_β 与机翼半弦长 b 的比值，左纵坐标为机翼颤振速度，右纵坐标为机翼颤振频率。由图 4-10 和图 4-11 可以看出，操纵面质心位置变化对机翼颤振特性的影响，要比操纵面质量变化对机翼颤振特性影响明显。还可以看出，操纵面质量增大、操纵面质心到铰链距离增大时，机翼颤振速度和颤振频率均减小。操纵面质心位置和操纵面质量两个因素变化，均直接影响操纵面转动惯量，因此，这里不再专门讨论操纵面转动惯量对机翼颤振特性的影响。

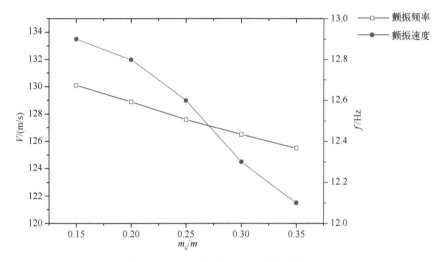

图 4-10　操纵面质量对颤振特性的影响

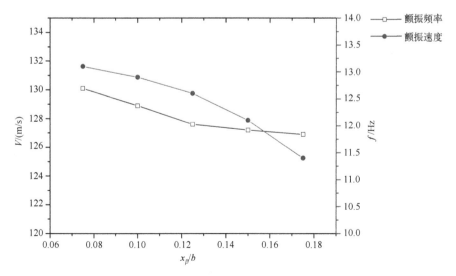

图 4-11　操纵面质心位置对颤振特性的影响

第5章 大展弦比柔性机翼的几何大变形与载荷分布研究

5.1 引言

一般地，大展弦比柔性机翼具有质量轻、结构面密度低的特点，在飞行载荷作用下机翼弯曲和扭转变形很大，平衡态相对于未变形结构有明显的几何差异。例如，美国的"太阳神"太阳能无人机翼展长达 75.3m，展弦比高达 31，这不仅带来了无人机气动弹性的非线性效应，而且导致气动弹性对载荷分布的影响很大，即气动载荷的重新分布问题非常突出。因此，准确计算气动弹性下太阳能无人机机翼的载荷重新分布，对于提高太阳能无人机设计水平有着重要的意义。

机翼结构弹性变形后的气动力重新分布属于静气动弹性问题研究的范畴。目前，线性静气动弹性分析方法以 MSC. Flightloads[74] 为代表，基于结构小变形假设，利用线性结构有限元方法考虑弹性变形，采用平面偶极子格网法计算气动力，通过求解气动弹性线性方程组得到载荷重新分布结果。研究表明，当机翼变形较小时，采用线性气动弹性分析方法会得出气动力随机翼挠度增大而单调增加的结论[75]。随着机翼变形的继续增大，这一结论与实际严重不符。因此，对于大展弦比大柔性机翼的气动载荷重新分布问题必须考虑机翼大位移、大转角等几何非线性效应。2003 年，"太阳神"太阳能无人机飞行时，在低空出现振荡导致全机解体，NASA 发布的事故调查报告中提出研制这种无人机需着重研究其非线性气动弹性特性[76]。国内外学者在这方面开展了相对较多而卓有成效的研究工作。Patil M. J. 和 Hodges D. H. 等人[77-79]结合大变形几何非线性梁理论和 ONERA 气动力模型研究了几何非线性效应对大展弦比柔性机翼的静动气动弹性行为的影响。谢长川等人[80-83]分别采用推广的片条理论及三维升力线理论对梁式机翼进行了非线性静气动弹性计算。王伟等人[84,85]基于共旋转有限元理论推导了几何非线性空间梁单元的切线刚度矩阵和内力求解格式，几何精确地描述了柔性机翼的几何非线性弹性变形，并利用计算流体力学软件 Fluent 计算气动力，从而进行流固耦合求解。

Palacios R. 与 Cesnik C. S.[86]则采用计算结构力学与计算流体力学耦合计算的方法研究了大展弦比机翼的非线性静气动弹性响应问题。张健等人[87,88]采用完全非线性梁模型和气动力的 ONERA 方法也对大柔性飞机非线性气动弹性与飞行动力力耦合问题进行了深入研究。

　　本章在前人研究的基础上，提出一种大展弦比大柔性机翼载荷重新分布的新方法。该方法在机翼弯曲计算时，构造了一种只具有两个广义转角自由度的梁单元，单元刚度矩阵在形式上与常见的杆单元相似，单元自由度为转角，单元刚度矩阵在总体坐标与局部坐标下形式完全相同，使之成为一个线性问题；在机翼扭转计算时，基于弯曲解算得到弯曲转角，获得杆扭转在局部坐标系下的扭矩，从而在局部坐标系下计算机翼扭转变形，这也是线性问题。两者相结合，具有明显几何非线性效应的大展弦比大柔性机翼的载荷重新分布问题转化为线性问题，大大减小了计算的工作量，非常适合工程应用。

5.2　结构变形求解

5.2.1　机翼弯曲计算

　　大展弦比大柔性机翼在承受较大气动力作用时会产生弯曲和扭转变形。这里仍然将机翼视为一根悬臂梁，当梁发生平面内弯曲时，其轴线由直线弯成一条平面曲线，曲线的曲率与梁的抗弯刚度及弯矩存在如下关系：

$$\frac{1}{R(y)} = \frac{M(y)}{EI} \qquad (5-1)$$

其中，R、M 分别为梁上某截面处的曲率半径和弯矩；EI 为梁的抗弯刚度；y 为截面位置。

　　值得注意的是，式（5-1）在推导时没有线性小变形条件假设。也就是说，式（5-1）不仅适用于梁的线性小变形而且适用于梁的几何非线性变形。

　　由于 $R(y) = \mathrm{d}s/\mathrm{d}\theta$，将它代入式（5-1）后可得到

$$\frac{\mathrm{d}\theta}{\mathrm{d}s} = \frac{M(y)}{EI} \qquad (5-2)$$

　　由 $\mathrm{d}s = \sqrt{1+\tan^2\theta}\,\mathrm{d}y$，进一步推导可得

$$\frac{\mathrm{d}\theta}{\sqrt{1+\tan^2\theta}\,\mathrm{d}y}=\frac{M(y)}{EI} \tag{5-3}$$

令 $\mathrm{d}\Theta=\dfrac{\mathrm{d}\theta}{\sqrt{1+\tan^2\theta}}$，则由式（5-3）可得到

$$\frac{\mathrm{d}\Theta}{\mathrm{d}y}=\frac{M(y)}{EI} \tag{5-4}$$

式（5-4）与常规杆的变形方程有着完全相同的形式[17]，因而，可认为式（5-4）表示具有两个广义转角自由度的广义梁的变形方程。其中，Θ 为广义梁两个端点的广义转角，如图 5-1 所示；M 为广义梁两个端点的广义力。同时，根据 $\mathrm{d}\Theta=\dfrac{\mathrm{d}\theta}{\sqrt{1+\tan^2\theta}}$，当 $\theta\in\left(0,\dfrac{\pi}{2}\right)$ 时可得到广义转角 Θ 与真实转角 θ 之间的转换关系，即

$$\begin{cases}\Theta=\dfrac{1}{2}\ln\left(\dfrac{1+\sin\theta}{1-\sin\theta}\right)\\[2mm]\theta=\arcsin\dfrac{\mathrm{e}^{2\Theta}-1}{\mathrm{e}^{2\Theta}+1}\end{cases} \tag{5-5}$$

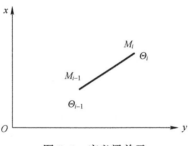

图 5-1　广义梁单元

采用有限元方法求解式（5-4），将机翼沿展向离散为 n 个单元，第 i 单元局部坐标系下的单元平衡方程为

$$\frac{EI}{l_i}\begin{bmatrix}1 & -1\\-1 & 1\end{bmatrix}\begin{bmatrix}\Theta_{i-1}\\\Theta_i\end{bmatrix}=\begin{bmatrix}M_{i-1}\\M_i\end{bmatrix} \tag{5-6}$$

其中，$i-1$ 和 i 为第 i 单元的两个节点；l_i 为第 i 单元的长度。

当机翼产生面内弯曲变形时，式（5-6）中的广义转角 $[\Theta_{i-1}\quad\Theta_i]^{\mathrm{T}}$、广义力 $[M_{i-1}\quad M_i]^{\mathrm{T}}$ 均不涉及机翼弯曲变形引起的总体-局部坐标系转换，从而弯曲变形的非线性问题转变为线性问题。这就给机翼的非线性弯曲变形（转角求解）带来了极大的便利。

　　由单元刚度矩阵和单元载荷列阵形成总体刚度矩阵和总载荷列阵即可进行全机翼广义弯曲转角求解，再利用式（5-5）即可获得机翼的真实弯曲转角，在不考虑机翼轴向变形的条件下，则可由机翼弯曲转角求得机翼挠度。

5.2.2　机翼扭转计算

　　对于机翼的扭转变形，简化为杆的扭转问题，不考虑机翼面外弯曲。将机翼沿展向离散，与弯曲变形时的网格划分一致。弯曲变形可获得机翼各单元节点处的弯曲转角，从而可以得到第 i 个单元杆轴向与总体坐标系 x 轴的夹角，近似为

$$\bar{\theta}_i = \frac{\theta_{i-1} + \theta_i}{2} \tag{5-7}$$

　　有了夹角 $\bar{\theta}_i$，就可根据气动力求得第 i 单元右端节点处绕单元轴向的内力扭矩 $\bar{T}_i$ 和第 $i+1$ 单元左端节点处绕单元轴向的扭矩 $\bar{T}_i'$，如图 5-2 所示，具体公式为

$$\begin{cases} \bar{T}_i = T_{iy}\cos\bar{\theta}_{i-1} + T_{iz}\sin\bar{\theta}_i \\ \bar{T}_i' = T_{iy}'\cos\bar{\theta}_i + T_{iz}'\sin\bar{\theta}_i \end{cases} \tag{5-8}$$

其中，T_{iy}、T_{iz} 分别为第 $i-1$ 单元右端节点内力合扭矩 T_i 在总体坐标系下 y、z 方向的分量，T_{iy}'、T_{iz}' 分别为第 i 单元右端节点内力合扭矩 T_i' 在总体坐标系下 y、z 方向的分量，且 T_i 与 T_i' 互为反作用力。

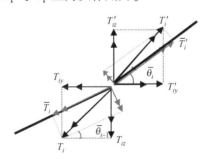

图 5-2　单元节点处扭转内力

　　进而可在杆的局部坐标系下采用线性方法求其扭转角。这里需要注意的是，由于采用杆扭转单元，各单元局部坐标体系因机翼弯曲变形而不同，离散后单元 i 节点处左侧与右侧在局部坐标系下的扭转角不同，可依次递推求解。在单元局部坐标系下，第 i 单元局部坐标系下的单元平衡方程为

$$\frac{GJ}{l_i}\varphi_i = \overline{T}_i + \overline{T}'_{i-1} \quad (i=1,2,\cdots,n) \tag{5-9}$$

其中，GJ 为抗扭刚度；φ_i 为机翼第 i 个杆单元在局部坐标系下右端点的扭转角。由于机翼根部为固支，扭转角为零，故 $\overline{T}'_0$ 可取为零。从而，利用式（5-9）就可依次递推得到各单元内节点的扭转角。

5.3 气动载荷求解

5.3.1 气动力分布计算

气动力采用涡格法进行求解，坐标系的 x 轴正向沿来流方向，y 轴正向水平向右，z 轴正向根据右手定则确定。在机翼上顺气流方向（平行于机身对称平面）自翼根至翼尖布置 n 个马蹄涡，第 j 个马蹄涡强度为 Γ_j。马蹄涡附着涡起始点及控制点的坐标在可由机翼弦长、结构网格单元长度 l_i 及单元真实转角 θ_i 计算，具体公式如下：

$$\begin{cases} (x,y,z)_1 = (0.25b,0,0) \\ (x,y,z)_i = \left(\dfrac{1}{4}b, y_{i-1}+l_i\cos\overline{\theta}_i, z_{i-1}+l_i\sin\overline{\theta}_i\right) \\ (x_c,y_c,z_c)_i = \left(\dfrac{3}{4}b, y_{i-1}+\dfrac{1}{2}l_i\cos\overline{\theta}_i, z_{i-1}+\dfrac{1}{2}l_i\sin\overline{\theta}_i\right) \end{cases} \tag{5-10}$$

其中，$(x,y,z)_1$ 为第 1 个马蹄涡附着涡起点坐标；$(x,y,z)_i$ 为第 i 个马蹄涡附着涡起点，即第 $i-1$ 个马蹄涡附着涡终点的坐标；$(x_c,y_c,z_c)_i$ 为第 i 个马蹄涡控制点坐标。

考虑机翼存在较大弯曲变形，半机翼上第 i 个网格控制点的法向诱导速度为

$$\frac{V_{ni}}{V} = \frac{V_{zi}}{V}\cos\overline{\theta}_i - \frac{V_{yi}}{V}\sin\overline{\theta} \tag{5-11}$$

其中，V 为来流速度；V_{yi} 与 V_{zi} 分别为第 i 个网格控制点在 y 轴、z 轴方向上的诱导速度分量；V_{ni} 为第 i 个网格控制点的法向诱导速度。

根据 Neumann 边界条件和 Kutta-Jukovski 理论，有

$$\{L_i\} = -\rho V^2 \left[k_{ij}\right]^{-1}\{\alpha_i\} \tag{5-12}$$

其中，ρ 为空气密度；k_{ij} 为马蹄涡附着涡起始点及控制点坐标的函数，含义及表达式见参考文献 [18]；$\{L_i\}$ 为机翼单位长度升力分布列阵；α_i 为第 i 个网

格控制点处迎角，且 $\{\alpha_i\} = \{\varphi_i\} + \{\alpha_0\} + \{\Delta\alpha\}$，$\{\varphi_i\}$ 为机翼各单元局部坐标系下扭转变形的扭转角列阵，$\{\alpha_0\}$ 为机翼各单元局部坐标系下的初始刚性迎角，$\{\Delta\alpha\}$ 为机翼各单元局部坐标系下的剪力修正角。

5.3.2　机翼弯矩、扭矩分布计算

根据机翼上升力分布、质量分布及机翼变形后的形状，即可计算机翼上各涡控制点处的弯矩分布与扭矩分布。

弯矩计算公式如下：

$$M_i = \sum_{j=i}^{n} \begin{bmatrix} L_j l_j \cos\bar{\theta}_j - m_j l_j g \\ L_j l_j \sin\bar{\theta}_j \end{bmatrix}^{\mathrm{T}} \left(\begin{bmatrix} y_c \\ z_c \end{bmatrix}_j - \begin{bmatrix} y_c \\ z_c \end{bmatrix}_i \right) \quad (i,j=1,2,\cdots,n) \quad (5\text{-}13)$$

其中，M_i 为第 i 个马蹄涡控制点处的弯矩；L_j 为第 j 单元内单位长度升力；m_j 为第 j 单元内单位长度质量；l_j 为单元长度；g 为重力加速度。

扭矩计算公式如下：

$$\begin{bmatrix} T_{iy} \\ T_{iz} \end{bmatrix} = \sum_{j=i}^{n} L_j l_j e_j \begin{bmatrix} \cos\bar{\theta}_j \\ \sin\bar{\theta}_j \end{bmatrix} + \sum_{j=i}^{n} m_j l_j g r_j \begin{bmatrix} 1 \\ 0 \end{bmatrix} \quad (i,j=1,2,\cdots,n) \quad (5\text{-}14)$$

其中，T_{iy}、T_{iz} 分别为第 i 个马蹄涡控制点处绕 y 轴、z 轴的扭矩；e_j 为第 j 单元内升力作用位置到刚轴的距离；r_j 为第 j 单元内重力作用位置到刚轴的距离。

5.4　气动结构耦合

5.4.1　气动结构插值

在气动弹性分析中，结构变形以结构网格的节点为基础进行表述，而气动力则往往是基于气动力网格的，两者的力作用点通常不重合，需要通过插值方法将结构的变形插值到气动力网格上，将气动力映射到结构节点上。本书中结构网格节点与马蹄涡附着涡角点重合，因而在单元层面上，第 i 个单元内结构扭转变形插值到气动网格上的公式为

$$\varphi_i^c = \frac{\varphi_{i-1} + \varphi_i}{2} \quad (5\text{-}15)$$

从而，根据虚功原理，可以将马蹄涡控制点的升力映射结构网格上，在第 i 个节点上，升力由相近的两个马蹄涡控制点的升力插值，公式为

$$L_i = \frac{L_{i-1}^c + L_i^c}{2} \tag{5-16}$$

5.4.2　载荷平衡

循环迭代产生的载荷使得机翼的弯矩、剪力及扭矩均发生了变化，机翼载荷不再平衡。为了满足升力不变，使机翼升力达到规定的过载系数，需根据翼根累积剪力的变化调节机翼刚体迎角来实现。由于结构的几何非线性变形，气动力计算需要基于每一迭代步变形后的机翼形状进行载荷平衡修正，从而用于载荷平衡定义的基础气动分布力也必须基于每一迭代步变形后的机翼形状进行，这与线弹性范围内载荷重新分布存在差异。

定义第 k 迭代步的基础气动分布力 $\{L_i^1\}$，取 $\{\alpha_i\} = \{1\}$，由式（5-12）计算可得，则第 k 步机翼各单元局部坐标系下扭转单位角度产生的累积剪力 F_1^k 和气动力在翼根产生的累积剪力 F^k 分别为

$$\begin{cases} F_1^k = \sum_{i=1}^n L_i^1 \cos\overline{\theta}_i \\ F^k = \sum_{i=1}^n L_i \cos\overline{\theta}_i \end{cases} \tag{5-17}$$

其中，L_i 为式（5-12）中 $\{L_i\}$ 的元素，L_i^1 为 $\{L_i^1\}$ 的元素。

从而，第 k 步翼根剪力修正迎角及各控制涡点上气动力的修正量分别为

$$\begin{cases} \Delta\alpha^k = -\dfrac{F^k - mg}{F_1^k} \\ \{\Delta L_i\}^k = \Delta\alpha^k \{L_i\}^k \end{cases} \tag{5-18}$$

其中，mg 为飞机总重力，由初始气动力计算。

则第 k 步修正后机翼沿展向升力分布为

$$\{L_i'\}^k = \{L_i\}^k + \{\Delta L_i\}^k \tag{5-19}$$

至此，可以得到修正后的机翼升力分布，结合机翼变形求解下一步气动力产生的弯矩、扭矩。

5.4.3　计算流程及收敛准则

柔性机翼载荷重新分布计算流程如图 5-3 所示。在求解过程，将扭转位移量作为收敛控制参数，扭转角相对误差小于 10^{-3} 时即可视为收敛。

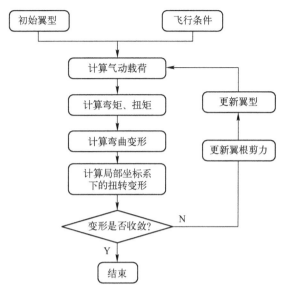

图 5-3　大柔性机翼载荷重新分布计算流程

5.5　算例分析与讨论

5.5.1　方法正确性验证

为了验证本章方法的正确性，选择具有解析解的大柔性悬臂梁进行求解。悬臂梁几何参数及材料参数与参考文献[11]中取为一致，其自由端受集中弯矩 M 作用。将悬臂梁划分为 20 个单元，经本章方法计算获得的悬臂梁的挠度和弯曲转角如图 5-4 所示。

通过参考文献[89]算例计算表明，当翼尖挠度不超过机翼展长 3.5%，线弹性小变形结果能够满足工程精度要求，此时，翼尖弯曲转角 $\theta = 0.045\pi$，翼尖作用的最大集中弯矩 $M = 0.0225\pi$。当翼尖弯矩 $M > 0.0225\pi$ 时，线弹性小变形模型就不再适用了。本章取翼尖集中弯矩 $M = 0.05\pi$、0.10π、0.15π、0.20π，均大于线弹性小变形理论适用范围。从图 5-4 中可以看，当 $M = 0.10\pi$ 时，本章方法获得的梁的挠度及弯曲转角，与解析解仍能够比较好地吻合，即能较好地解决梁的非线性弯曲变形问题。随着翼尖弯矩增大，本章方法计算的挠度及弯曲转角结果沿展向与解析解的差异逐渐增大，主要原因在于，当 $M = 0.20\pi$ 时，机翼翼尖弯曲转角为 0.40π，接近 0.5π，从广义转

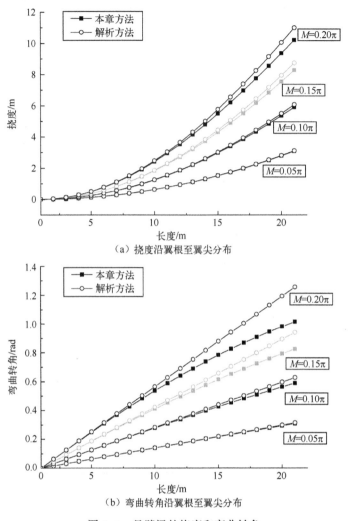

（a）挠度沿翼根至翼尖分布

（b）弯曲转角沿翼根至翼尖分布

图 5-4　悬臂梁的挠度和弯曲转角

角与真实转角转换关系式（5-5）可以看出，它们的转换关系发生奇异，从而会将有限元方法带来的广义转角误差进一步放大。即使如此，$M=0.15\pi$ 时，翼尖最大挠度为展长的 21.9%，翼尖挠度误差仅约为 5.23%，这也是本章方法的适用范围。对于大展弦比大柔性机翼而言，翼尖弯曲转角不可能超过 0.50π，而且在 0.30π 时机翼变形已经相当大了，"太阳神" 在极限状态下的机翼上反角才为 0.28π[19,20]。因而，本章方法是适用于大柔性机翼实际的变形范围的，同时能将机翼的非线性弯曲变形问题转化为只求解弯曲转角的线性问题，给大柔性机翼载荷重新分布计算带来极大的便利，这是它的显著优点。

5.5.2　大柔性机翼载荷重新分布计算

本章以类"太阳神"布局的太阳能无人机为例进行机翼载荷重新分布计算，机翼的几何参数、结构参数及飞行条件如表 5-1 所示。

本章分别采用线性方法、参考文献[11]中的非线性 CR 有限元方法及本章方法进行机翼载荷重新分布计算。计算中分别取来流速度为 $V=5\text{m/s}$ 和 $V=20\text{m/s}$ 两种情况。

表 5-1　太阳能无人机模型参数

主　要　参　数	数　　值
展长/m	35
弦长/m	1.838
刚轴位置/(%Chord)	30
抗弯刚度/N·m²	10^5
抗扭刚度/N·m²	10^6
飞行高度/km	20
空气密度/(kg/m³)	0.0889
初始攻角/(°)	1.0

当 $V=5\text{m/s}$ 时，机翼气动载荷较小，机翼变形小，采用 3 种方法计算得到平衡后的机翼弯曲变形和机翼载荷分布是基本一致的，如图 5-5（a）、图 5-5（b）所示。但是本章方法将非线性问题转化线性问题，且只考虑弯曲转角和扭转角

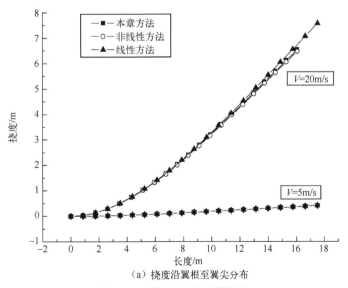

（a）挠度沿翼根至翼尖分布

图 5-5　不同方法的计算结果

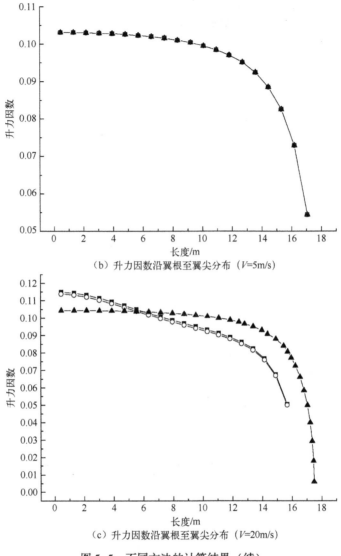

（b）升力因数沿翼根至翼尖分布（$V=5\mathrm{m/s}$）

（c）升力因数沿翼根至翼尖分布（$V=20\mathrm{m/s}$）

图 5-5　不同方法的计算结果（续）

两个自由度，因而在计算效率上比六自由度的 CR 有限元方法要高。

当 $V=20\mathrm{m/s}$ 时，机翼气动载荷较大，机翼弯曲变形十分明显，从图 5-5（a）中可以看到，线性方法与本章方法计算得到的平衡后的机翼弯曲挠度有了明显差异。本章方法考虑了机翼大变形弯曲带来的翼尖轴向位移，翼尖约缩进了机翼半展长的 8.29%，这与参考文献［11］中的计算结果是基本一致的。然而，线性方法却无法考虑机翼弯曲带来的轴向缩进这一特点，因而从

图 5-5（a）中可以看到，翼尖挠度对应横坐标仍为机翼半展长 17.5m。这也是线性方法处理机翼大变形时的不足之处。本章方法与线性方法计算得到的机翼弯曲变形的差异导致了机翼载荷的分布有较大差异，如图 5-5（c）所示，而与 CR 有限元方法的结果是一致的，这说明 $V=20\text{m/s}$ 的情况下，即机翼为大变形时，如果仍然采用线性方法求解机翼载荷分布，则会得到有较大误差的结果。

　　柔性机翼与刚性机翼在不同来流下的弯曲与扭转变形情况如图 5-6 所示。从图 5-6 中可以看出，刚性机翼在来流作用下，机翼挠度处处为零，机翼扭转角处处为零。但是对于大柔性机翼，随着来流速度的逐渐增大，机翼挠度

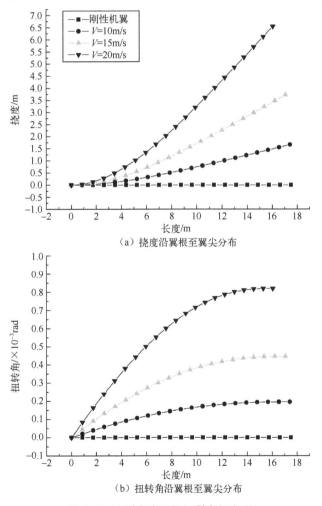

（a）挠度沿翼根至翼尖分布

（b）扭转角沿翼根至翼尖分布

图 5-6　不同来流下的机翼弯扭变形

和扭转角逐渐增大，当来流速度增大到 20m/s 时，翼尖挠度达到了机翼展长的 18.7%，而且由于机翼弯曲变形，导致翼尖位置向翼根方向移动，移动量约为展长的 4.15%。同样，机翼的扭转角也随着来流速度的增大而增大。

柔性机翼与刚性机翼在不同来流下气动载荷分布的情况如图 5-7 所示。从图 5-7 中可以看出，刚性机翼在不同来流作用下，由于机翼没有弯曲与扭转变形，机翼侧力因数处处为零。对于大柔性机翼而言，随着来流速度的增加，机翼弯曲变形引起了机翼升力因数的明显变化。从图 5-7（a）可以看到，来流速度增大，翼根升力增大，翼尖升力因数减小，即机翼变形使升力向翼根转移，这是机翼弯曲变形与扭转变形综合影响的结果。对于翼尖段，

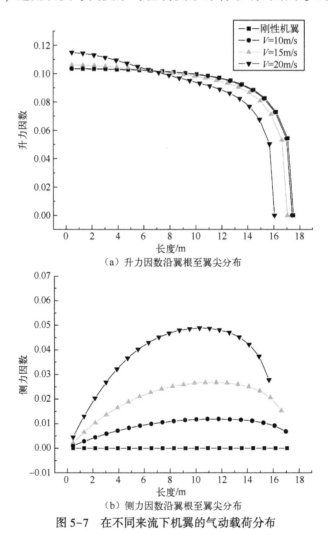

（a）升力因数沿翼根至翼尖分布

（b）侧力因数沿翼根至翼尖分布

图 5-7　在不同来流下机翼的气动载荷分布

弯曲变形大，导致翼尖段气动力方向发生偏转，升力损失大，而机翼扭转变形又使翼尖段升力增加不足，小于弯曲变形带来的升力减小，因而在弯曲扭转综合作用下翼尖段呈现升力因数减小的现象；对于翼根段，弯曲变形小，导致升力损失小，虽然扭转变形也小，但扭转变形使翼根段升力的增加大于弯曲变形导致的机翼升力的减小，因而在弯曲扭转综合作用下翼根段呈现升力因数增大的现象。在机翼展长 7m 左右处，弯曲变形与扭转变形对机翼升力因数的影响正好相互抵消，因而升力因数不变，与刚性机翼在此处的升力因数相同。大柔性机翼弯曲变形带来的侧力分布情况如图 5-7（b）所示。从图中可以看出，侧力因数沿翼根至翼尖先增大后减小，这主要是机翼气动力沿翼根至翼尖的椭圆分布造成的。在翼根段，机翼气动力几乎为均布力，随着弯曲转角增大，侧力分量增大；到了翼尖段，机翼气动力逐渐减小为零，虽然机翼弯曲转角在增大，但由于气动力减小，侧力分量减小了。

　　不同展弦比的柔性机翼气动载荷分布情况如图 5-8 所示，图中横坐标将机翼半展长归一化。保持机翼面积不变，分别取 AR = 7.7、9.5、13.6。在来流速度为 $V = 10\text{m/s}$ 的条件下，随着展弦比增大，机翼升力因数在半展长范围内均增大，主要原因一方面是机翼展弦比增大使诱导阻力降低，另一方面是机翼弯曲变形带来的上反角也起到降低诱导阻力的作用。

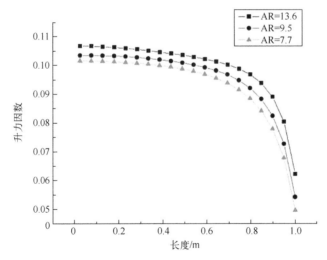

图 5-8　展弦比对柔性机翼气动载荷分布的影响（$V = 10\text{m/s}$）

　　柔性机翼在不同弯扭刚度比下的气动载荷分布情况如图 5-9 所示。计算中保持抗弯刚度不变，通过改变抗扭刚度来改变弯扭刚度比。从图 5-9 中可以看到，随着弯扭刚度比的减小，升力因数在翼根段增大，而在翼尖段减小，即随着弯扭刚度比的减小，载荷向翼根侧转移。主要原因是抗弯刚度不变时，弯扭刚度比越小，抗扭刚度越大，从而使机翼的扭转变形越小，升力因数减小越多，但是为了保证总升力不变，翼根增加的与迎角正方向一致的扭转修正角越大，由于机翼弯曲变形，这个扭转修正角对于翼根段升力因数增大的作用明显，而对于翼尖段升力因数增大的作用不明显，会造成弯扭刚度比的减小，产生载荷分布向翼根侧转移的现象。

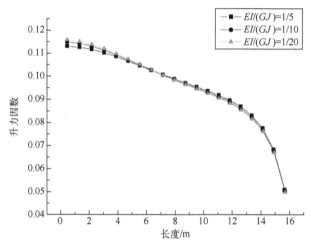

图 5-9　弯扭刚度比对柔性机翼气动载荷分布的影响（$V=20$m/s）

机翼刚轴位置对柔性机翼气动载荷分布的影响如图 5-10 所示。刚轴位置分别取弦长的 20%、30%、35%、40%。从图中 5-9（a）中可以看出，随着刚轴沿弦向从机翼前缘向后缘移动，机翼升力因数发生了变化。在翼根段，升力因数减小；在翼尖段升力因数增大。主要原因是，机翼刚轴后移可使气动力产生的扭矩越大，机翼的扭转角越大，因而翼尖段升力因数增大越多，由于总升力不变，翼根剪力进行载荷平衡修正，修正量起减小升力因数的作用，而且由于机翼弯曲变形，这个修正量对于翼根段升力因数的减小作用明显，对于翼尖段，升力因数减小不明显，因而随着刚轴位置后移，翼载分布会向翼尖侧转移。图 5-10（a）中，在机翼展向 6m 处，机翼升力因数没有发生变化，不受刚轴位置影响，这正是扭转变形的扭转角与剪力修正角度相互抵消的结果。从 5-10（b）可以看到，当刚轴位于弦长的 20% 处时，刚轴在弦向前于气动力作用位置，因而机翼的扭转角与刚轴位置分别取弦长的 30%、35%、40% 时，结果正好相反。

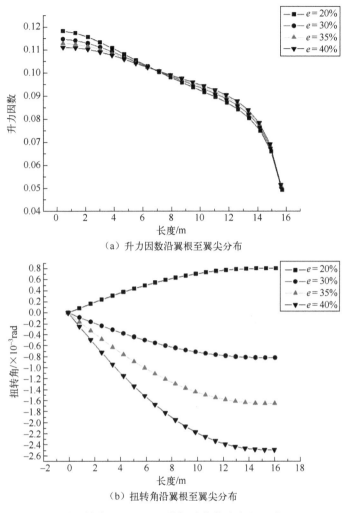

（a）升力因数沿翼根至翼尖分布

（b）扭转角沿翼根至翼尖分布

图 5-10　机翼刚轴位置对柔性机翼气动载荷分布的影响（$V=20\text{m/s}$）

第6章 大展弦比柔性机翼颤振稳定性 分析的传递函数方法

6.1 引言

大展弦比大柔性机翼在气动载荷作用下通常会经历较大的结构变形。准确把握这类大变形机翼的气动弹性特性是目前研究的热点之一。国内外学者开展了较多卓有成效的研究工作。Patil M. J.、Smith M. J. 等人[90,91]较早地开展了基于 CFD 方法的大展弦比机翼气动弹性特性研究。机翼由 Hodges-Dowell 梁来模拟,气动力计算则以 Euler 方程为基础。Garcia J. A.[92]应用精确梁理论的有限元方法,并耦合 N-S 方程的气动力,计算了大展弦比机翼的跨音速静气动弹性特性。Palacois R. 和 Cesnik C. S.[86]、Beran P. S. 和 Hru J. Y. 等人[93]基于流固耦合方法,分别研究了超大展弦比机翼和翼身融合体飞机的静气动弹性问题。谢长川等人[94,95]应用"准模态"假设,分析结构几何非线性对大展弦比机翼振动的影响,即认为结构是在大的静变形平衡位置附近做微幅振动,从而可沿用线性系统振动理论进行机翼振动描述,通过算例验证了方法的有效性。王伟等人[96,97]基于 CR 有限元理论,推导了大柔性机翼的切线刚度矩阵和质量矩阵,建立了考虑几何非线性效应的大柔性无人机结构动力学模型,并引入准模态小扰动振动假设,对动力学模型进行线性化,并采用建立在局部气流坐标系下的 Therdorson 片条非定常气动力,通过 P-k 法对无人机的非线性颤振速度和频率进行了求解。杨智春和党会学等人[98]耦合 Euler 方程求解器和非线性结构求解器,计算了大展弦比机翼的静变形,并在静变形的基础上,提取结构的剩余刚度进行了非线性颤振特性分析。张健等人[99]研究了侧向随动力作用下大展弦柔性机翼气动弹性稳定性等问题。

本章在前人研究的基础上,发展了一种大展弦比大柔性机翼颤振分析的方法,通过与已有文献结果的对比,验证了该方法的正确性和有效性。

6.2　柔性机翼单元振动模型的建立

6.2.1　机翼静变形曲线方程拟合

大展弦比大柔性机翼静变形后可视为一根曲梁。曲梁横截面的刚心轴线形成一条曲线，在直角坐标系 XOY 下如图 6-1 所示。将曲梁划分若干段，每段为一个曲梁单元。在直角坐标系下，每个曲梁单元的起点和终点的坐标及斜率均可根据机翼静变形给出，从而通过多项式插值可将曲梁单元的曲线方程表示为[12]

$$f(\xi) = [\, N_1(\xi) \quad N_2(\xi) \quad N_3(\xi) \quad N_4(\xi) \,][\, Y_i \quad Y_i' \quad Y_{i+1} \quad Y_{i+1}' \,]^{\mathrm{T}} \quad (6\text{-}1)$$

其中，$N_1(\xi) = 1 - 3\xi^2 + 2\xi^3$；$N_2(\xi) = (X_{i+1} - X_i)(\xi - 2\xi^2 + \xi^3)$；$N_3(\xi) = 3\xi^2 - 2\xi^3$；$N_4(\xi) = (X_{i+1} - X_i)(-\xi^2 + \xi^3)$；$\xi = (X - X_i)/(X_{i+1} - X_i)$，$\xi \in [\,0,1\,]$；$Y_i$、$Y_i'$ 分别为曲梁在 X_i 处的 Y 坐标及切线斜率，$X_i \in [\,a,b\,]$。

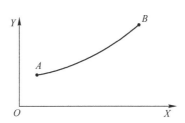

图 6-1　变曲率曲梁的示意图

由曲线的曲率公式可知曲梁单元内任一点的曲率半径为

$$R_i(\xi) = \frac{\left[1 + \left(\dfrac{\mathrm{d}f}{\mathrm{d}\xi} \right)^2 \right]^{3/2}}{\left| \dfrac{\mathrm{d}^2 f}{\mathrm{d}\xi^2} \right|} \quad (6\text{-}2)$$

每个曲梁单元内的曲率都可近似为常数，可取单元两端处的曲率半径平均值作为该单元的平均曲率半径。

6.2.2　曲梁单元振动微分方程

在曲梁单元内，曲梁的曲率可视为常数 R，其自然坐标系如图 6-2 所示，x 轴表示切向，y 轴表示径向，z 轴表示竖向。根据参考文献 [100]，考虑曲梁质心轴与弹性轴不重合的情形，可获得曲梁六自由度振动方程

$$
\begin{cases}
\dfrac{kGA}{R}\left(\dfrac{\partial w}{\partial x}-\dfrac{u}{R}-\psi_z\right)+\dfrac{\partial}{\partial x}\left[EA\left(\dfrac{\partial u}{\partial x}+\dfrac{w}{R}\right)\right]+q_x(x,t)=\rho A\ddot{u} \\[2ex]
\dfrac{\partial}{\partial x}\left[kGA\left(\dfrac{\partial w}{\partial x}-\dfrac{u}{R}-\psi_z\right)\right]-\dfrac{EA}{R}\left(\dfrac{\partial u}{\partial x}+\dfrac{w}{R}\right)+q_y(x,t)=\rho A\ddot{w}-\rho Az_\alpha\ddot{\phi}_x \\[2ex]
\dfrac{\partial}{\partial x}\left(EI\dfrac{\partial \psi_z}{\partial x}\right)+kGA\left(\dfrac{\partial w}{\partial x}-\dfrac{u}{R}-\psi_z\right)+m_z(x,t)=\rho I\ddot{\psi}_z \\[2ex]
\dfrac{\partial}{\partial x}\left[kGA\left(\dfrac{\partial v}{\partial x}+\psi_y\right)\right]+q_y(x,t)=\rho A\ddot{v} \\[2ex]
\dfrac{\partial}{\partial x}\left[EI_y\left(\dfrac{\partial \psi_y}{\partial x}+\dfrac{\phi_x}{R}\right)\right]-kGA\left(\dfrac{\partial v}{\partial x}+\psi_y\right)+\dfrac{GJ}{R}\left(\dfrac{\partial \phi_x}{\partial x}-\dfrac{\psi_y}{R}\right)+m_y(x,t)=\rho I_y\ddot{\psi}_y \\[2ex]
\dfrac{\partial}{\partial x}\left[GJ\left(\dfrac{\partial \phi_x}{\partial x}-\dfrac{\psi_y}{R}\right)\right]-\dfrac{EI_y}{R}\left(\dfrac{\partial \psi_y}{\partial x}+\dfrac{\phi_x}{R}\right)+m_x(x,t)=\rho I_\rho\ddot{\phi}_x-\rho Az_\alpha\ddot{w}
\end{cases}
\tag{6-3}
$$

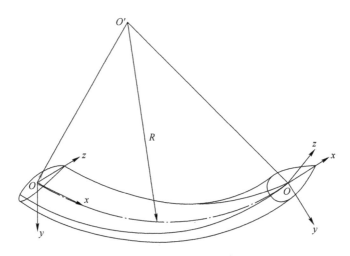

图 6-2　曲梁单元自然坐标系

其中，u、w、v 分别为曲梁单元沿坐标轴 x、y、z 方向的位移；ψ_z、ψ_y、ϕ_x 分别为曲梁单元绕 z、y、x 轴的扭转角；$\ddot{u}$、$\ddot{w}$、$\ddot{v}$、$\ddot{\psi}_z$、$\ddot{\psi}_y$、$\ddot{\phi}_x$ 分别表示 u、w、v、ψ_z、ψ_y、ϕ_x 对时间的两阶导数；ρ 为曲梁的密度；A 为曲梁单元截面积；E、G 分别为拉伸弹性模量和剪切弹性模量；k 为剪切刚度修正系数；z_α 为弹性轴到质心轴的距离；I_z、I_y、J 分别为绕坐标轴 z、y、x 的惯性矩；t 为时间；$q_x(x,t)$、$q_y(x,t)$、$q_z(x,t)$ 分别为沿坐标轴 x、y、z 的分布力；$m_x(x,t)$、$m_y(x,t)$、$m_z(x,t)$ 分别为绕坐标轴 x、y、z 的分布弯矩。

6.3　基于 Theodorson 气动力模型分析的传递函数方法

6.3.1　机翼颤振微分方程的建立

1. Theodorson 非定常气动力模型

在忽略机翼重力影响的条件下，机翼颤振时的外力为气动力产生的分布升力及分布扭矩。本节采用片条理论进行非定常气动力计算。气动力片条在曲梁形状基础位置上定义，且位于曲梁单元中点处。根据 Theodorson 理论，单位展长的非定常升力与相应的俯仰力矩按下式计算：

$$
\begin{cases}
q_y(x,t) = -\pi\rho b^2(\ddot{w}+V\dot{\phi}_x - b\,\bar{a}\ddot{\phi}_x) - 2\pi\rho VbC(k)\left(V\phi_x+\dot{w}+b\left(\dfrac{1}{2}-\bar{a}\right)\dot{\phi}_x\right) \\[2mm]
m_x(x,t) = \pi\rho b^2\left(b\,\bar{a}\ddot{w}-Vb\left(\dfrac{1}{2}-\bar{a}\right)\dot{\phi}_x - b^2\left(\dfrac{1}{8}+\bar{a}^2\right)\ddot{\phi}_x\right) + \\[2mm]
\qquad\quad 2\pi\rho Vb^2\left(\dfrac{1}{2}+\bar{a}\right)C(k)\left(V\phi_x+\dot{w}+b\left(\dfrac{1}{2}-\bar{a}\right)\dot{\phi}_x\right)
\end{cases}
\tag{6-4}
$$

其中，k 为折合频率，$k=\omega b/V$，是一个无量纲参数；$C(k)$ 为 Theodorsen 函数；由于 k 是 ω 和 V 的函数，为了后续求解方便，将 $C(k)$ 写为 $C(\omega,V)$；其他符号含义同参考文献[48]。

2. 机翼单元颤振微分方程

将式（6-4）代入式（6-3）可得机翼单元颤振时的微分方程

$$
\left\{
\begin{aligned}
&\frac{kGA}{R}\left(\frac{\partial w}{\partial x}-\frac{u}{R}-\psi_z\right)+\frac{\partial}{\partial x}\left[EA\left(\frac{\partial u}{\partial x}+\frac{w}{R}\right)\right]=\rho A\ddot{u}\\
&\frac{\partial}{\partial x}\left[kGA\left(\frac{\partial w}{\partial x}-\frac{u}{R}-\psi_z\right)\right]-\frac{EA}{R}\left(\frac{\partial u}{\partial x}+\frac{w}{R}\right)-\pi\rho b^2(\ddot{w}+V\dot{\phi}_x-b\,\overline{a}\ddot{\phi}_x)-\\
&\qquad 2\pi\rho VbC(\omega,V)\left(V\phi_x+\dot{w}+b\left(\frac{1}{2}-\overline{a}\right)\dot{\phi}_x\right)=\rho A\,\ddot{w}-\rho Az_\alpha\ddot{\phi}_x\\
&\frac{\partial}{\partial x}\left(EI\frac{\partial\psi_z}{\partial x}\right)+kGA\left(\frac{\partial w}{\partial x}-\frac{u}{R}-\psi_z\right)=\rho I\ddot{\psi}_z\\
&\frac{\partial}{\partial x}\left[kGA\left(\frac{\partial v}{\partial x}+\psi_y\right)\right]=\rho A\ddot{v}\qquad\qquad\qquad\qquad\qquad\quad(6-5)\\
&\frac{\partial}{\partial x}\left[EI_y\left(\frac{\partial\psi_y}{\partial x}+\frac{\phi_x}{R}\right)\right]-kGA\left(\frac{\partial v}{\partial x}+\psi_y\right)+\frac{GJ}{R}\left(\frac{\partial\phi_x}{\partial x}-\frac{\psi_y}{R}\right)=\rho I_y\,\ddot{\psi}_y\\
&\frac{\partial}{\partial x}\left[GJ\left(\frac{\partial\phi_x}{\partial x}-\frac{\psi_y}{R}\right)\right]-\frac{EI_y}{R}\left(\frac{\partial\psi_y}{\partial x}+\frac{\phi_x}{R}\right)+\\
&\qquad \pi\rho b^2\left(b\,\overline{a}\ddot{w}-Vb\left(\frac{1}{2}-\overline{a}\right)\dot{\phi}_x-b^2\left(\frac{1}{8}+\overline{a}^2\right)\ddot{\phi}_x\right)+\\
&\qquad 2\pi\rho Vb^2\left(\frac{1}{2}+\overline{a}\right)C(\omega,V)\left(V\phi_x+\dot{w}+b\left(\frac{1}{2}-\overline{a}\right)\dot{\phi}_x\right)=\rho I_\rho\,\ddot{\phi}_x-\rho Az_\alpha\ddot{w}
\end{aligned}
\right.
$$

6.3.2 传递函数方法求解

1. 机翼单元的传递函数

对式（6-5）进行 Fourier 变换，并整理可得

$$
\frac{\partial^2 u}{\partial x^2}=-\left(\frac{EA}{EAR}+\frac{kGA}{EAR}\right)\frac{\partial w}{\partial x}+\left(\frac{kGA}{EAR^2}-\frac{\rho A}{EA}\omega^2\right)u+\frac{kGA}{EAR}\psi_z
$$

$$
\begin{aligned}
\frac{\partial^2 w}{\partial x^2}=&\left(\frac{kGA}{kGAR}+\frac{EA}{kGAR}\right)\frac{\partial u}{\partial x}+\frac{\partial\psi_z}{\partial x}+\\
&\left(\frac{EA}{kGAR^2}-\frac{\rho A}{kGA}\omega^2+\frac{-\pi\rho b^2\omega^2+2\pi\rho VbC(\omega,V)\omega i}{kGA}\right)w+\\
&\left(\frac{\rho Az_\alpha\omega^2+\pi\rho b^2(V\omega i+b\,\overline{a}\omega^2)+2\pi\rho VbC(\omega,V)(V+b(0.5-\overline{a})\omega i)}{kGA}\right)\phi_x
\end{aligned}
$$

$$
\frac{\partial^2\psi_z}{\partial x^2}=-\frac{kGA}{EI}\frac{\partial w}{\partial x}+\frac{kGA}{EIR}u+\left(\frac{kGA}{EI}-\frac{\rho I}{EI}\omega^2\right)\psi_z
$$

$$
\frac{\partial^2 v}{\partial x^2}=-\frac{\partial\psi_y}{\partial x}-\frac{\rho A\omega^2}{kGA}v
$$

$$\frac{\partial^2 \psi_y}{\partial x^2} = -\left(\frac{EI_y}{EI_yR} + \frac{GJ}{EI_yR}\right)\frac{\partial \phi_x}{\partial x} + \frac{kGA}{EI_y}\frac{\partial v}{\partial x} + \left(\frac{kGA}{EI_y} + \frac{GJ}{EI_yR^2} - \frac{\rho I_y\omega^2}{EI_y}\right)\psi_y$$

$$\frac{\partial^2 \phi_x}{\partial x^2} = \left(\frac{GJ}{GJR} + \frac{EI_y}{GJR}\right)\frac{\partial \psi_y}{\partial x} +$$

$$\left(\begin{array}{c}\dfrac{EI_y}{GJR^2} - \dfrac{\rho I_\rho\omega^2}{GJ} + \dfrac{\pi\rho b^3 V(0.5-\overline{a})\omega\mathrm{i} - \pi\rho b^4(0.125+\overline{a}^2)\omega^2}{GJ} \\[3mm] \dfrac{-2\pi\rho V^2 b^2(0.5+\overline{a})C(\omega,V) - 2\pi\rho Vb^3(0.25-\overline{a}^2)C(\omega,V)\omega\mathrm{i}}{GJ}\end{array}\right)\phi_x +$$

$$\hspace{8cm}(6\text{-}6)$$

$$\left(\frac{\pi\rho b^3\overline{a}\omega^2 - 2\pi\rho Vb^2(0.5+\overline{a})C(\omega,V)\omega\mathrm{i} + \rho Az_\alpha\omega^2}{GJ}\right)w$$

其中，$\mathrm{i} = \sqrt{-1}$。

定义单元状态向量

$$\boldsymbol{\eta}_e(x,\omega) = \left[\begin{array}{cccccccccccc} u & \dfrac{\partial u}{\partial x} & w & \dfrac{\partial w}{\partial x} & \psi_z & \dfrac{\partial \psi_z}{\partial x} & v & \dfrac{\partial v}{\partial x} & \psi_y & \dfrac{\partial \psi_y}{\partial x} & \phi_x & \dfrac{\partial \phi_x}{\partial x} \end{array}\right]^{\mathrm{T}}$$

$$\hspace{8cm}(6\text{-}7)$$

将式（6-6）改写为状态空间形式的方程

$$\frac{\partial \boldsymbol{\eta}_e(x,\omega)}{\partial x} = \boldsymbol{F}_e(\omega,V)\boldsymbol{\eta}_e(x,\omega) + \boldsymbol{g}_e(x,\omega) \hspace{3cm}(6\text{-}8)$$

其中，$\boldsymbol{g}_e(x,\omega) = \boldsymbol{0}$，转移矩阵 $\boldsymbol{F}_e(\omega,V)$ 为 12×12 的方阵，其非零元素为

$$F_e(1,2) = 1, F_e(2,1) = \frac{kGA}{EAR^2} - \frac{\rho A}{EA}\omega^2, F_e(2,4) = -\left(\frac{EA}{EAR} + \frac{kGA}{EAR}\right)$$

$$F_e(2,5) = \frac{kGA}{EAR}, F_e(3,4) = 1, F_e(4,2) = \frac{kGA}{kGAR} + \frac{EA}{kGAR}$$

$$F_e(4,3) = \frac{EA}{kGAR^2} - \frac{\rho A}{kGA}\omega^2 + \frac{-\pi\rho b^2\omega^2 + 2\pi\rho VbC(\omega,V)\omega\mathrm{i}}{kGA}, F_e(4,6) = 1$$

$$F_e(4,11) = \frac{\rho Az_\alpha\omega^2 + \pi\rho b^2(V\omega\mathrm{i} + b\overline{a}\omega^2) + 2\pi\rho VbC(\omega,V)(V + b(0.5-\overline{a})\omega\mathrm{i})}{kGA}$$

$$F_e(5,6) = 1, F_e(6,1) = \frac{kGA}{EI_zR}, F_e(6,4) = -\frac{kGA}{EI_z}, F_e(6,5) = \frac{kGA}{EI_z} - \frac{\rho I}{EI_z}\omega^2$$

$$F_e(7,8) = 1, F_e(8,7) = -\frac{\rho A\omega^2}{kGA}, F_e(8,10) = -1, F_e(9,10) = 1$$

$$F_e(10,8) = \frac{kGA}{EI_y}, F_e(10,9) = \frac{kGA}{EI_y} + \frac{GJ}{EI_yR^2} - \frac{\rho I_y\omega^2}{EI_y}$$

$$F_e(10,12) = -\left(\frac{EI_y}{EI_yR} + \frac{GJ}{EI_yR}\right), F_e(11,12) = 1$$

$$F_e(12,3) = \frac{\pi\rho b^3 \bar{a}\omega^2 - 2\pi\rho Vb^2(0.5+\bar{a})C(\omega,V)\omega\mathrm{i} + \rho Az_\alpha\omega^2}{GJ}$$

$$F_e(12,10) = \frac{GJ}{GJR} + \frac{EI_y}{GJR}$$

$$F_e(12,11) = \frac{EI_y}{GJR^2} - \frac{\rho I_\rho\omega^2}{GJ} + \frac{\pi\rho b^3 V(0.5-\bar{a})\omega\mathrm{i} - \pi\rho b^4(0.125+\bar{a}^2)\omega^2}{GJ} +$$

$$\frac{-2\pi\rho V^2 b^2(0.5+\bar{a})C(\omega,V) - 2\pi\rho Vb^3(0.25-\bar{a}^2)C(\omega,V)\omega\mathrm{i}}{GJ}$$

边界条件为

$$M_b\boldsymbol{\eta}_e(0,\omega) + N_b\boldsymbol{\eta}_e(l,\omega) = \boldsymbol{\gamma}_e(\omega) \tag{6-9}$$

其中，l 为曲梁单元长度；M_b、N_b 分别为单元边界条件选择矩阵，为 12×12 的方阵，其非零元素为 $M_b(1,1) = 1, M_b(2,3) = 1, M_b(3,5) = 1,\ M_b(4,7) = 1,$ $M_b(5,9) = 1, M_b(6,11) = 1,\ N_b(7,2) = 1, N_b(8,4) = 1, N_b(9,6) = 1,\ N_b(10,8) =$ $1, N_b(11,10) = 1, N_b(12,12) = 1$；$\boldsymbol{\gamma}_e(\omega)$ 为由位移或力组成的列向量，其表达式为

$$\boldsymbol{\gamma}_e(\omega) = \begin{bmatrix} u(0,\omega) & w(0,\omega) & \psi_z(0,\omega) & v(0,\omega) & \psi_y(0,\omega) & \phi_x(0,\omega) \\ u(l,\omega) & w(l,\omega) & \psi_z(l,\omega) & v(l,\omega) & \psi_y(l,\omega) & \phi_x(l,\omega) \end{bmatrix}^T$$

式（6-8）的传递函数解为

$$\boldsymbol{\eta}_e(x,\omega) = \boldsymbol{H}_e(x,\omega,V)\boldsymbol{\gamma}_e(\omega) \tag{6-10}$$

其中，

$$\boldsymbol{H}_e(x,\omega,V) = \mathrm{e}^{F_e(\omega,V)x}\left[M_b + N_b\mathrm{e}^{F_e(\omega,V)l}\right]^{-1} \tag{6-11}$$

2. 单元组装与求解

大变形后的机翼可划分为若干常曲率曲梁单元来描述，其求解方程可借鉴有限元方法的思想进行组集，具体如下。

曲梁单元截面上的内力为

$$\begin{cases} N_x = EA\left(\dfrac{\partial u}{\partial x} + \dfrac{w}{R}\right), Q_y = kGA\left(\dfrac{\partial w}{\partial x} - \dfrac{u}{R} - \psi_z\right) \\[2mm] M_z = EI_z\dfrac{\partial \psi_z}{\partial x}, Q_z = kGA\left(\dfrac{\partial v}{\partial x} + \psi_y\right) \\[2mm] M_y = EI_y\left(\dfrac{\partial \psi_y}{\partial x} + \dfrac{\phi_x}{R}\right), T_x = GJ\left(\dfrac{\partial \phi_x}{\partial x} - \dfrac{\psi_y}{R}\right) \end{cases} \tag{6-12}$$

其中，M_y、M_z 分别为曲梁单元绕 y、z 轴弯矩；T_x 为曲梁单元绕 x 轴的扭矩；N_x 为沿 x 轴的轴力；Q_y、Q_z 分别为沿 y、z 轴的剪力。

将曲梁单元内力写成矩阵形式

$$\boldsymbol{Q}_e(x) = \boldsymbol{Q}_{\eta e}(x)\boldsymbol{\eta}_e(x,\omega) \tag{6-13}$$

其中，$\boldsymbol{Q}_e(x) = \begin{bmatrix} N_x & Q_y & M_z & Q_z & M_y & T_x \end{bmatrix}^{\mathrm{T}}$，$\boldsymbol{Q}_{\eta e}(x)$ 为 6×12 的矩阵，其非零元素为

$Q_{\eta e}(1,2) = EA$，$Q_{\eta e}(1,3) = EA/R$

$Q_{\eta e}(2,1) = -kGA/R$，$Q_{\eta e}(2,4) = kGA$，$Q_{\eta e}(2,5) = -kGA$

$Q_{\eta e}(3,5) = EI_z$

$Q_{\eta e}(4,8) = kGA$，$Q_{\eta e}(4,9) = kGA$

$Q_{\eta e}(5,10) = EI_y$，$Q_{\eta e}(5,11) = EI_y/R$

$Q_{\eta e}(6,9) = -GJ/R$，$Q_{\eta e}(6,12) = GJ$

将式（6-10）代入式（6-13），取 $x=0$、$x=l$，可分别得到曲梁单元两端点处的内力

$$\boldsymbol{f}_e = \boldsymbol{K}_e(\omega,V)\boldsymbol{\gamma}_e(\omega) \tag{6-14}$$

其中，
$$\boldsymbol{f}_e = \begin{bmatrix} \boldsymbol{Q}_e(0) \\ \boldsymbol{Q}_e(l) \end{bmatrix}, \boldsymbol{K}_e(\omega,V) = \begin{bmatrix} \boldsymbol{Q}_{\eta e}(0)\boldsymbol{H}_e(0,\omega,V) \\ -\boldsymbol{Q}_{\eta e}(l)\boldsymbol{H}_e(l,\omega,V) \end{bmatrix}$$

式（6-14）与有限元法中单元节点力表达式十分相似，$\boldsymbol{f}_e$ 可视为单元节点内力，$\boldsymbol{K}_e(\omega,V)$ 可视为单元刚度矩阵，$\boldsymbol{\gamma}_e(\omega)$ 可视为单元节点位移向量。

按照有限元组集方法对各节点统一编号，并进行组集拼接，可得到机翼整体平衡方程

$$\boldsymbol{K}(\omega,V)\boldsymbol{\gamma}(\omega) = \boldsymbol{f} \tag{6-15}$$

其中，$\boldsymbol{K}(\omega,V)$ 可视为整体刚度矩阵；$\boldsymbol{\gamma}(\omega)$ 可视为整体节点位移向量；$\boldsymbol{f}$ 为各单元节点内力拼装成的向量。本书中将机翼的气动力与机翼作为一个完整的系统来考虑，除此之外，机翼没有受到其他外力作用，因而根据单元节点内力与外载荷平衡，可得出

$$\boldsymbol{f} = 0 \tag{6-16}$$

根据机翼约束条件，按照有限元方法对整体刚度矩阵 $\boldsymbol{K}(\omega,V)$ 进行边界条件处理[15,16]。

当机翼颤振时，$\boldsymbol{\gamma}(\omega)$ 应有非零解，此时须满足条件

$$\det\big[\boldsymbol{K}(\omega,V)\big] = 0 \tag{6-17}$$

由于 $\boldsymbol{K}(\omega,V)$ 为复矩阵，其行列式值等于零的必要条件为矩阵行列式值的

实部与虚部均为零，即

$$\begin{cases} \mathrm{Re}\{\det[\boldsymbol{K}(\omega,V)]\} = 0 \\ \mathrm{Im}\{\det[\boldsymbol{K}(\omega,V)]\} = 0 \end{cases} \qquad (6\text{-}18)$$

式（6-18）中的两个方程包含两个未知变量 V 和 ω，因而求解可得到 V 和 ω 的解。其中，V 为机翼颤振速度；ω 为机翼颤振频率。通常满足式（6-18）的解有多组，其中 V 最小的一组解即为机翼的颤振特性。

6.3.3 结果与分析

1. 方法验证

为了验证本节方法的正确性，按照参考文献[96]中的算例计算大展弦比柔性机翼的气动弹性稳定性。机翼的几何参数、刚度参数和质量参数均与参考文献[96]一致，如表 6-1 所示。通过表 6-1 中机翼模型参数，假设机翼为平板翼型，可反推出本章方法所需的参数。

表 6-1　机翼模型参数

半弦长	$b = 0.5\mathrm{m}$
半展长	$L = 16.0\mathrm{m}$
单位展长质量	$m = 0.75\mathrm{kg/m}$
弹性轴位置	$\bar{a} = 0$
截面重心到弹性轴之间的距离	$z_\alpha = 0$
单位长度质量惯性矩	$I_\alpha = 0.1\mathrm{kg} \cdot \mathrm{m}^2$
垂直抗弯刚度	$EI_z = 2.0\times10^4\mathrm{N} \cdot \mathrm{m}^2$
弦向抗弯刚度	$EI_y = 4.0\times10^6\mathrm{N} \cdot \mathrm{m}^2$
抗扭刚度	$GJ = 1.0\times10^4\mathrm{N} \cdot \mathrm{m}^2$
空气密度	$\rho = 0.0889\mathrm{kg/m}^3$

参考文献[96]给出了机翼翼尖作用集中力下的机翼挠度曲线。本章取翼尖位移分别为机翼半展长的 3.125%、6.250%、12.50% 三种变形情形，分别记为变形一、变形二、变形三。将变形后的机翼视为曲梁，分别拟合出机翼变形后的曲线方程，沿机翼展向划分 10 个单元后，按式（6-2）计算每个单元的平均曲率半径，然后利用本章方法计算机翼颤振特性。

大展弦比大柔性机翼在不同程度静变形下的颤振速度和颤振频率如图 6-3～图 6-5 所示。图 6-3 所示为机翼变形一时，式（6-18）中 $\mathrm{Re}[\det\boldsymbol{K}]$ 和 $\mathrm{Im}[\det\boldsymbol{K}]$ 的等值线图。图中 $\mathrm{Re}[\det\boldsymbol{K}]$ 和 $\mathrm{Im}[\det\boldsymbol{K}]$ 的零等值线交点即为满足

式（6-18）的解。从图中可以看到，同时满足式（6-18）且 V 最小的一组解 $(V, \omega) = (34.5, 24.4)$，即为图 6-3 中 O 点。这表明，机翼变形一时，机翼的颤振速度为 34.5m/s，机翼的颤振频率为 24.4rad/s。

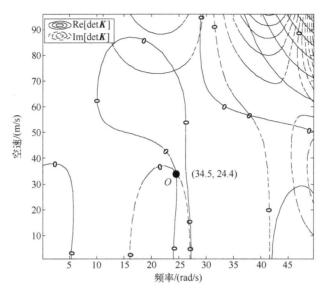

图 6-3　Re[detK] 和 Im[detK] 的等值线图（变形一）

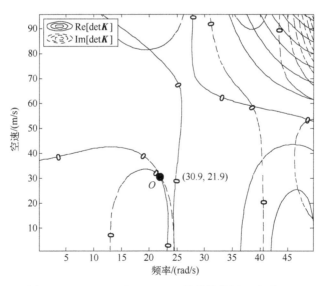

图 6-4　Re[detK] 和 Im[detK] 的等值线图（变形二）

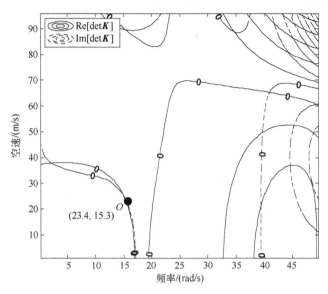

图 6-5   Re[detＫ]和 Im[detＫ]的等值线图（变形三）

图 6-4 和图 6-5 所示分别为机翼变形二、变形三时的 Re[detＫ]和 Im[detＫ]等值线图，由图中 O 点坐标可以得到机翼的颤振特性。

为了便于比较，将计算得到的机翼 3 种变形下的颤振速度和颤振频率列入表 6-2，并与已有参考文献中的结果进行对比，可以看出，本章方法与参考文献中的结果吻合得较好。

表 6-2   机翼颤振结果

机翼变形	颤振速度/(m/s)		颤振频率/(rad/s)	
	本章解	参考文献[96]解/ 参考文献[91]解	本章解	参考文献[96]解/ 参考文献[91]解
变形一	34.5	30.72/30.39	24.4	21.43/21.36
变形二	30.9	27.31/26.73	21.9	19.16/18.98
变形三	23.4	22.02/22.74	15.3	14.77/14.01

2. 机翼颤振特性影响因素分析

采用本章方法，将划分单元数目、抗弯刚度比、抗扭刚度、质心弦向位置等作为变量，以前述 3 种变形情形作为基准，研究它们对大变形机翼颤振特性的影响。

首先，单元数目对机翼颤振速度和颤振频率收敛性的影响如表 6-3 所示。从表中可以看出，当采用 10 个单元后，结果已收敛。这表明本章方法使用较少单元即可较快收敛，因而非常适合总体设计阶段的机翼颤振特性快速分析要求。

表6-3　单元数目对大变形机翼颤振特性的影响

单 元 数 目		4	6	8	10
变形一	颤振速度/（m/s）	35.2	34.8	34.5	34.5
	颤振频率/（rad/s）	24.7	24.5	24.4	24.4
变形二	颤振速度/（m/s）	31.9	31.4	31.0	30.9
	颤振频率/（rad/s）	22.4	22.1	21.9	21.9
变形三	颤振速度/（m/s）	24.8	23.9	23.5	23.4
	颤振频率/（rad/s）	15.9	15.6	15.4	15.3

在 3 种不同变形情形下，抗扭刚度变化对机翼颤振速度的影响如图 6-6 所示。从图中可以看到，随着抗扭刚度增大，在不同变形条件下机翼颤振速度都有了提高。但是，机翼变形程度不同时，机翼颤振速度增加是有差别的。在变形一情形下，机翼变形相对较小，机翼颤振速度增幅相对较大；在变形三情形下，机翼变形相对较大，机翼颤振速度增幅相对较小。这表明，随着机翼变形越来越大，通过提高抗扭刚度改善机翼颤振特性的效果会有所减弱。主要原因是，靠近翼尖的结构大变形会显著改变机翼的扭转振动特性，进而影响抗扭刚度增加改善机翼颤振特性的效果。

在 3 种不同变形情形下，机翼弦向抗弯刚度与垂直抗弯刚度比对机翼颤振速度的影响如图 6-7 所示。从图中可以看到，在弦向抗弯刚度与垂直抗弯刚度比较小时，3 种变形情形下的机翼颤振速度对抗弯刚度比均比较敏感，而且机翼颤振速度在机翼变形相对小时更敏感；当抗弯刚度比较大时，机翼颤振速度对其敏感度逐渐降低，此时弦向抗弯刚度具有较大的设计空间。

质心轴在弦向的位置是非常重要的气动弹性设计量，在前面的研究中，机翼剖面质心与刚心均位于弦长中点处，这里仍然假定两者重合，以其在弦向的位置作为变量，研究质心弦向位置对大变形机翼颤振特性的影响。在 3 种不同变形情形下质心弦向位置对机翼颤振速度的影响如图 6-8 所示。从图中可以看到，在机翼弦向中点前后 10%半展长范围内，随着质心沿弦向从前向后移动，机翼颤振速度逐渐降低。这一结论与刚性机翼颤振特性相似。但是，随着机翼变形越来越大，机翼颤振速度下降加快。从图中可以看，在变形三情形下，机翼颤振速度下降快于变形一、变形二。

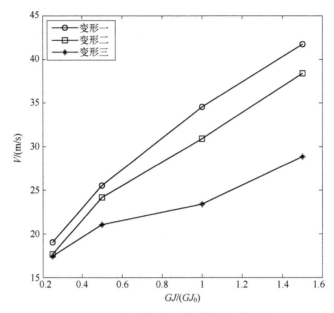

图 6-6　抗扭刚度对机翼颤振速度的影响

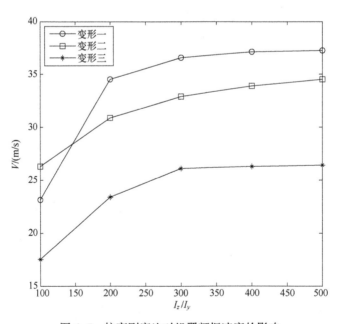

图 6-7　抗弯刚度比对机翼颤振速度的影响

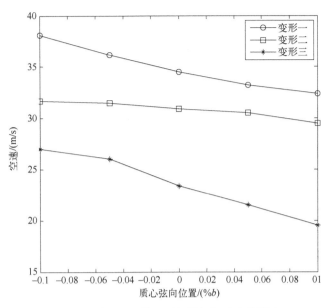

图 6-8　质心弦向位置对机翼颤振速度的影响

6.4　基于 ONERA 气动力模型分析的传递函数方法

6.4.1　机翼颤振微分方程的建立

1. ONEAR 非线性气动力模型

在不考虑机翼自身重力的情况下，机翼所受的外力为气动力对机翼的作用力和扭矩。作用在机翼上的非定常气动力可借助片条理论求解得到。对于大展弦比柔性机翼，在正常飞行期间局部迎角可能非常大，这将导致机翼失速，即强烈的非线性不稳定状态。在本节中，使用 ONEAR[48] 动态失速模型，并给出作用在 1/4 弦长处的升力和力矩的公式

$$\begin{cases} C_z = C_{za} + C_{zb} \\ C_{za} = \dfrac{b}{V} s_{z1} \dfrac{\partial \phi_x}{\partial t} + \left(\dfrac{b}{V}\right)^2 s_{z2} \dfrac{\partial^2 \alpha}{\partial t^2} + \dfrac{b}{V} s_{z3} \dfrac{\partial \alpha}{\partial t} + C_{z\gamma} \\ \dfrac{b}{V} \dfrac{\partial C_{z\gamma}}{\partial t} + \lambda_1 C_{z\gamma} = \lambda_1 a_{oz}\left(\phi_x + \dfrac{b}{V} \dfrac{\partial \alpha}{\partial t}\right) + \lambda_2 a_{oz}\left(\dfrac{b}{V} \dfrac{\partial \phi_x}{\partial t} + \left(\dfrac{b}{V}\right)^2 \dfrac{\partial^2 \alpha}{\partial t^2}\right) \\ \left(\dfrac{b}{V}\right)^2 \dfrac{\partial^2 C_{zb}}{\partial t^2} + \dfrac{b}{V} r_{1z} \dfrac{\partial C_{zb}}{\partial t} + r_{2z} C_{zb} = -r_{2z} \Delta C_z - \dfrac{b}{V} r_{3z} \dfrac{\partial \Delta C_z}{\partial \alpha} \dfrac{\partial \phi_x}{\partial t} \end{cases} \quad (6\text{-}19)$$

其中，V 为来流速度；α 为瞬时攻角；ϕ_x 为有效攻角，相当于机翼实际扭转角；b 为机翼半弦长；C_z 为空气动力系数；C_{za} 为线性气动力部分对应的气动力函数；C_{zb} 为非线性气动力部分对应的气动力系数。参数下标 z=L 时，表示与升力有关；z=M 时，表示与力矩有关。

由于 ONEAR 线性部分与经典 Theodorson 理论一致，所以其线性部分参数值如表 6-4 所示。

表 6-4　ONERA 模型线性部分参数值

因　　数	升　　力	力　　矩
s_{z1}	$s_{L1}=\pi$	$s_{M1}=-\pi/4$
s_{z2}	$s_{L2}=\pi/2$	$s_{M2}=-3\pi/16$
s_{z3}	$s_{L3}=0.0$	$s_{M3}=-\pi/4$
a_{oz}	$a_{oL}=5.9$	$a_{oM}=0.0$
λ_1	0.15	
λ_2	0.55	

非线性气动力部分的有关参数有 r_{1z}、r_{2z}、r_{3z}，即

$$r_{1M}=r_{1L}=\begin{cases}0.25+0.1\Delta C_L^2, & \mathrm{Re}>340\,000 \\ 0.25+0.4\Delta C_L^2, & \mathrm{Re}\leqslant 340\,000\end{cases}$$

$$r_{2M}=r_{2L}=\begin{cases}(0.2+0.1\Delta C_L^2)^2, & \mathrm{Re}>340\,000 \\ (0.2+0.23\Delta C_L^2)^2, & \mathrm{Re}\leqslant 340\,000\end{cases}$$

$$r_{3M}=r_{3L}=\begin{cases}(0.2+0.1\Delta C_L^2)^2(-0.6\Delta C_L^2), & \mathrm{Re}>340\,000 \\ (0.2+0.23\Delta C_L^2)^2(-2.7\Delta C_L^2), & \mathrm{Re}\leqslant 340\,000\end{cases}$$

实际情况下的空气动力曲线比较复杂，为了便于计算，一般使用折线来近似代替，如图 6-9 所示。

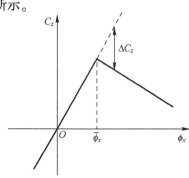

图 6-9　静态气动力近似图

ΔC_z 可以表示为

$$\Delta C_{L} = \begin{cases} 0, & \phi_x < \overline{\phi}_x \\ 6.32284(\phi_x - \overline{\phi}_x), & \phi_x \geqslant \overline{\phi}_x \end{cases}$$

$$\Delta C_{M} = \begin{cases} 0, & \phi_x < \overline{\phi}_x \\ 0.65317(\phi_x - \overline{\phi}_x), & \phi_x \geqslant \overline{\phi}_x \end{cases} \tag{6-20}$$

其中，$\overline{\phi}_x$ 为失速攻角。

式（6-19）中的瞬时攻角 α 与有效攻角 ϕ_x 的关系为

$$\phi_x = \alpha - \frac{1}{V} \frac{\partial w_{1/4}}{\partial t} \tag{6-21}$$

这里，$w_{1/4}$ 表示 1/4 弦长处的位移，根据几何关系，有

$$w_{1/4} = \frac{w - (0.5b + \overline{a}b)\phi_x}{b} \tag{6-22}$$

将式（6-22）代入式（6-21）并整理得

$$\alpha = \phi_x + \frac{1}{bV}\left(\frac{\partial w}{\partial t} - (0.5b + \overline{a}b)\frac{\partial \phi_x}{\partial t}\right) \tag{6-23}$$

将式（6-23）代入式（6-19）得

$$\begin{cases} C_z = C_{za} + C_{zb} \\ C_{za} = \dfrac{b}{V}s_{z1}\dfrac{\partial \phi_x}{\partial t} + \left(\dfrac{b}{V}\right)^2 s_{z2}\left(\dfrac{\partial^2 \phi_x}{\partial t^2} + \dfrac{1}{bV}\left(\dfrac{\partial^3 w}{\partial t^3} - (0.5b + \overline{a}b)\dfrac{\partial^3 \phi_x}{\partial t^3}\right)\right) + \\ \qquad \dfrac{b}{V}s_{z3}\left(\dfrac{\partial \phi_x}{\partial t} + \dfrac{1}{bV}\left(\dfrac{\partial^2 w}{\partial t^2} - (0.5b + \overline{a}b)\dfrac{\partial^2 \phi_x}{\partial t^2}\right)\right) + C_{z\gamma} \\ \dfrac{b}{V}\dfrac{\partial C_{z\gamma}}{\partial t} + \lambda_1 C_{z\gamma} = \lambda_1 a_{oz}\left(\phi_x + \dfrac{b}{V}\left(\dfrac{\partial \phi_x}{\partial t} + \dfrac{1}{bV}\left(\dfrac{\partial^2 w}{\partial t^2} - (0.5b + \overline{a}b)\dfrac{\partial^2 \phi_x}{\partial t^2}\right)\right)\right) + \\ \qquad \lambda_2 a_{oz}\left(\dfrac{b}{V}\dfrac{\partial \phi_x}{\partial t} + \left(\dfrac{b}{V}\right)^2\left(\dfrac{\partial^2 \phi_x}{\partial t^2} + \dfrac{1}{bV}\left(\dfrac{\partial^3 w}{\partial t^3} - (0.5b + \overline{a}b)\dfrac{\partial^3 \phi_x}{\partial t^3}\right)\right)\right) \\ \left(\dfrac{b}{V}\right)^2 \dfrac{\partial^2 C_{zb}}{\partial t^2} + \dfrac{b}{V}r_{1z}\dfrac{\partial C_{zb}}{\partial t} + r_{2z}C_{zb} = -r_{2z}\Delta C_z - \dfrac{b}{V}r_{3z}\dfrac{\partial \Delta C_z}{\partial \alpha}\dfrac{\partial \phi_x}{\partial t} \end{cases} \tag{6-24}$$

单位展长的升力和相应的俯仰力矩可以表示为

$$\begin{cases} q_y(x,t) = -b\rho_a V^2 C_L \\ m_x(x,t) = 2\rho_a b^2 V^2 C_M + \overline{\beta}b q_y(x,t) = 2\rho_a b^2 V^2 C_M - \overline{\beta}b^2 \rho_a V^2 C_L \end{cases} \tag{6-25}$$

其中，ρ_a 为空气密度；$\overline{\beta} = \dfrac{e}{b}$，$e$ 为气动中心到弹性轴的距离。

2. 机翼单元颤振微分方程

将式（6-25）代入式（6-3），即可得到柔性机翼的颤振微分方程

$$
\begin{cases}
\dfrac{kGA}{R}\left(\dfrac{\partial w}{\partial x}-\dfrac{u}{R}-\psi_\zeta\right)+\dfrac{\partial}{\partial x}\left[EA\left(\dfrac{\partial u}{\partial x}+\dfrac{w}{R}\right)\right]=\rho A\dfrac{\partial^2 u}{\partial t^2}\\[2mm]
\dfrac{\partial}{\partial x}\left[kGA\left(\dfrac{\partial w}{\partial x}-\dfrac{u}{R}-\psi_z\right)\right]-\dfrac{EA}{R}\left(\dfrac{\partial u}{\partial x}+\dfrac{w}{R}\right)-b\rho_a V^2 C_{z=L}=\rho A\dfrac{\partial^2 w}{\partial t^2}-\rho A z_\alpha\dfrac{\partial^2 \phi_x}{\partial t^2}\\[2mm]
\dfrac{\partial}{\partial x}\left(EI\dfrac{\partial \psi_z}{\partial x}\right)+kGA\left(\dfrac{\partial w}{\partial x}-\dfrac{u}{R}-\psi_z\right)=\rho I\dfrac{\partial^2 \psi_z}{\partial t^2}\\[2mm]
\dfrac{\partial}{\partial x}\left[kGA\left(\dfrac{\partial v}{\partial x}+\psi_y\right)\right]=\rho A\dfrac{\partial^2 v}{\partial t^2}\\[2mm]
\dfrac{\partial}{\partial x}\left[EI_y\left(\dfrac{\partial \psi_y}{\partial x}+\dfrac{\phi_x}{R}\right)\right]-kGA\left(\dfrac{\partial v}{\partial x}+\psi_y\right)+\dfrac{GJ}{R}\left(\dfrac{\partial \phi_x}{\partial x}-\dfrac{\psi_y}{R}\right)=\rho I_y\dfrac{\partial^2 \psi_y}{\partial t^2}\\[2mm]
\dfrac{\partial}{\partial x}\left[GJ\left(\dfrac{\partial \phi_x}{\partial x}-\dfrac{\psi_y}{R}\right)\right]-\dfrac{EI_y}{R}\left(\dfrac{\partial \psi_y}{\partial x}+\dfrac{\phi_x}{R}\right)+2\rho_a b^2 V^2 C_M-\\[2mm]
\qquad \dfrac{b^2}{2}\rho_a V^2 C_L=\rho I_\rho\dfrac{\partial^2 \phi_x}{\partial t^2}-\rho A z_\alpha\dfrac{\partial^2 w}{\partial t^2}
\end{cases}
\tag{6-26}
$$

6.4.2　传递函数方法求解

1. 机翼单元的传递函数

将颤振计算微分方程进行 Fourier 变换，化简处理后得到

$$
\begin{cases}
\dfrac{\partial^2 \widetilde{u}}{\partial x^2}=\left(\dfrac{kGA}{EAR^2}-\dfrac{\rho A\omega^2}{EA}\right)\widetilde{u}-\left(\dfrac{EA}{EAR}+\dfrac{kGA}{EAR}\right)\dfrac{\partial \widetilde{w}}{\partial x}+\dfrac{kGA}{EAR}\widetilde{\psi}_z\\[2mm]
\dfrac{\partial^2 \widetilde{w}}{\partial x^2}=\left(\dfrac{EA}{kGAR^2}-\dfrac{\rho A\omega^2}{kGA}\right)\widetilde{w}+\dfrac{\rho A z_\alpha\omega^2}{kGA}\widetilde{\phi}_x+\left(\dfrac{kGA}{kGAR}+\dfrac{EA}{kGAR}\right)\dfrac{\partial \widetilde{u}}{\partial x}+\dfrac{\partial \widetilde{\psi}_z}{\partial x}+\dfrac{b\rho_a V^2}{kGA}\widetilde{C}_L\\[2mm]
\dfrac{\partial^2 \widetilde{\psi}_z}{\partial x^2}=\left(\dfrac{kGA}{EI_z}-\dfrac{\rho I_z\omega^2}{EI_z}\right)\widetilde{\psi}_z-\dfrac{kGA}{EI_z}\dfrac{\partial \widetilde{w}}{\partial x}+\dfrac{kGA}{EI_z R}\widetilde{u}\\[2mm]
\dfrac{\partial^2 \widetilde{v}}{\partial x^2}=\dfrac{-\rho A\omega^2}{kGA}\widetilde{v}-\dfrac{\partial \widetilde{\psi}_y}{\partial x}\\[2mm]
\dfrac{\partial^2 \widetilde{\psi}_y}{\partial x^2}=\left(\dfrac{kGA}{EI_y}-\dfrac{\rho I_y\omega^2}{EI_y}+\dfrac{GJ}{EI_y R^2}\right)\widetilde{\psi}_y+\dfrac{kGA}{EI_y}\dfrac{\partial \widetilde{v}}{\partial x}-\left(\dfrac{GJ}{EI_y R}+\dfrac{EI_y}{EI_y R}\right)\dfrac{\partial \widetilde{\phi}_x}{\partial x}\\[2mm]
\dfrac{\partial^2 \widetilde{\phi}_x}{\partial x^2}=\left(\dfrac{EI_y}{GJR^2}-\dfrac{\rho J\omega^2}{GJ}\right)\widetilde{\phi}_y+\dfrac{\rho A z_\alpha\omega^2}{GJ}\widetilde{w}+\left(\dfrac{GJ}{GJR}+\dfrac{EI_y}{GJR}\right)\dfrac{\partial \widetilde{\psi}_y}{\partial x}-\dfrac{2\rho_a b^2 V^2}{GJ}\widetilde{C}_M+\dfrac{b^2\rho_a V^2}{2GJ}\widetilde{C}_L
\end{cases}
\tag{6-27}
$$

其中，气动力系数 C_L 和 C_M 的 Fourier 变换可以表示为

$$\widetilde{C}_L = C_{L1}\widetilde{\phi}_x + C_{L2}\widetilde{w}$$

$$\widetilde{C}_M = C_{M1}\widetilde{\phi}_x + C_{M2}\widetilde{w} \tag{6-28}$$

其中，参数 C_{L1}、C_{L2}、C_{M1} 和 C_{M2} 的具体表达式为

$$C_{L1} = \frac{b}{V}s_{L1}\mathrm{j}\omega + \left(\frac{b}{V}\right)^2 s_{L2}\left(-\omega^2 + \frac{(0.5+\bar{a})\mathrm{j}\omega^3}{V}\right) + \frac{b}{V}s_{L3}\left(\mathrm{j}\omega + \frac{(0.5+\bar{a})\omega^2}{V}\right) +$$

$$\frac{\lambda_1 a_{oL}\left(1 + \frac{b}{V}\left(\mathrm{j}\omega + \frac{(0.5+\bar{a})\omega^2}{V}\right)\right)}{\left(\frac{b}{V}\mathrm{j}\omega + \lambda_1\right)} + \frac{\lambda_2 a_{oL}\left(\frac{b}{V}\mathrm{j}\omega + \left(\frac{b}{V}\right)^2\left(-\omega^2 + \frac{(0.5+\bar{a})\mathrm{j}\omega^3}{V}\right)\right)}{\left(\frac{b}{V}\mathrm{j}\omega + \lambda_1\right)} +$$

$$\frac{-6.32284\left(r_{2L} + \frac{b}{V}r_{3L}\mathrm{j}\omega\right)}{-\left(\frac{b}{V}\right)^2\omega^2 + \frac{b}{V}r_{1L}\mathrm{j}\omega + r_{2L}}$$

$$C_{L2} = \left(\frac{b}{V}\right)^2 s_{L2}\frac{-\mathrm{j}\omega^3}{bV} + \frac{b}{V}s_{L3}\frac{-\omega^2}{bV} + \frac{\lambda_1 a_{oL}\frac{-\omega^2}{V^2}}{\left(\frac{b}{V}\mathrm{j}\omega + \lambda_1\right)} + \frac{\lambda_2 a_{oL}\frac{-\mathrm{j}\omega^3 b}{V^3}}{\left(\frac{b}{V}\mathrm{j}\omega + \lambda_1\right)}$$

$$C_{M1} = \frac{b}{V}s_{M1}\mathrm{j}\omega + \left(\frac{b}{V}\right)^2 s_{M2}\left(-\omega^2 + \frac{(0.5+\bar{a})\mathrm{j}\omega^3}{V}\right) + \frac{b}{V}s_{M3}\left(\mathrm{j}\omega + \frac{(0.5+\bar{a})\omega^2}{V}\right) +$$

$$\frac{\lambda_1 a_{oM}\left(1 + \frac{b}{V}\left(\mathrm{j}\omega + \frac{(0.5+\bar{a})\omega^2}{V}\right)\right)}{\left(\frac{b}{V}\mathrm{j}\omega + \lambda_1\right)} + \frac{\lambda_2 a_{oM}\left(\frac{b}{V}\mathrm{j}\omega + \left(\frac{b}{V}\right)^2\left(-\omega^2 + \frac{(0.5+\bar{a})\mathrm{j}\omega^3}{V}\right)\right)}{\left(\frac{b}{V}\mathrm{j}\omega + \lambda_1\right)} +$$

$$\frac{-0.65317\left(r_{2M} + \frac{b}{V}r_{3M}\mathrm{j}\omega\right)}{-\left(\frac{b}{V}\right)^2\omega^2 + \frac{b}{V}r_{1M}\mathrm{j}\omega + r_{2M}}$$

$$C_{M2} = \left(\frac{b}{V}\right)^2 s_{M2}\frac{-\mathrm{j}\omega^3}{bV} + \frac{b}{V}s_{M3}\frac{-\omega^2}{bV} + \frac{\lambda_1 a_{oM}\frac{-\omega^2}{V^2}}{\left(\frac{b}{V}\mathrm{j}\omega + \lambda_1\right)} + \frac{\lambda_2 a_{oM}\frac{-\mathrm{j}\omega^3 b}{V^3}}{\left(\frac{b}{V}\mathrm{j}\omega + \lambda_1\right)}$$

其中，$j=\sqrt{-1}$。

根据传递函数方法，定义状态向量

$$\boldsymbol{\eta}_e(x,\omega)=\left[\begin{array}{cccccccccccc} \widetilde{u} & \dfrac{\partial \widetilde{u}}{\partial x} & \widetilde{w} & \dfrac{\partial \widetilde{w}}{\partial x} & \widetilde{\psi}_z & \dfrac{\partial \widetilde{\psi}_z}{\partial x} & \widetilde{v} & \dfrac{\partial \widetilde{v}}{\partial x} & \widetilde{\psi}_y & \dfrac{\partial \widetilde{\psi}_y}{\partial x} & \widetilde{\phi}_x & \dfrac{\partial \widetilde{\phi}_x}{\partial x} \end{array}\right]^{\mathrm{T}}$$

将式（6-27）改写为状态空间形式方程

$$\frac{\partial \boldsymbol{\eta}_e(x,\omega)}{\partial x}=\boldsymbol{F}_e(\omega,V)\boldsymbol{\eta}_e(x,\omega)+\boldsymbol{g}_e(x,\omega) \tag{6-29}$$

其中，$\boldsymbol{g}_e(x,\omega)=\boldsymbol{0}$，矩阵 $\boldsymbol{F}_e(\omega,V)$ 为 12×12 的方阵，其非零元素为

$$F_e(1,2)=1,\ F_e(2,1)=\frac{kGA}{EAR^2}-\frac{\rho A}{EA}\omega^2,\ F_e(2,4)=-\left(\frac{EA}{EAR}+\frac{kGA}{EAR}\right)$$

$$F_e(2,5)=\frac{kGA}{EAR},\ F_e(3,4)=1,\ F_e(4,2)=\frac{kGA}{kGAR}+\frac{EA}{kGAR}$$

$$F_e(4,3)=\frac{EA}{kGAR^2}-\frac{\rho A}{kGA}\omega^2+\frac{b\rho_a V^2}{kGA}C_{L2},\ F_e(4,6)=1$$

$$F_e(4,11)=\frac{\rho A z_\alpha \omega^2}{kGA}+\frac{b\rho_a V^2}{kGA}C_{L1}$$

$$F_e(5,6)=1,\ F_e(6,1)=\frac{kGA}{EI_zR},\ F_e(6,4)=-\frac{kGA}{EI_z},\ F_e(6,5)=\frac{kGA}{EI_z}-\frac{\rho I_y}{EI_z}\omega^2$$

$$F_e(7,8)=1,\ F_e(8,7)=-\frac{\rho A\omega^2}{kGA},\ F_e(8,10)=-1,\ F_e(9,10)=1$$

$$F_e(10,8)=\frac{kGA}{EI_y},\ F_e(10,9)=\frac{kGA}{EI_y}+\frac{GJ}{EI_yR^2}-\frac{\rho I_y\omega^2}{EI_y}$$

$$F_e(10,12)=-\left(\frac{EI_y}{EI_yR}+\frac{GJ}{EI_yR}\right),\ F_e(11,12)=1$$

$$F_e(12,3)=\frac{\pi\rho b^3\,\bar{a}\omega^2}{GJ}-\frac{2\rho_a b^2 V^2}{GJ}C_{M2}+\frac{b^2\rho_a V^2}{2GJ}C_{L2},\ F_e(12,10)=\frac{GJ}{GJR}+\frac{EI_y}{GJR}$$

$$F_e(12,11)=\frac{EI_y}{GJR^2}-\frac{\rho I_p\omega^2}{GJ}-\frac{2\rho_a b^2 V^2}{GJ}C_{M1}+\frac{b^2\rho_a V^2}{2GJ}C_{L1} \tag{6-30}$$

边界条件为

$$\boldsymbol{M}_{be}\boldsymbol{\eta}_e(x=0,\omega)+\boldsymbol{N}_{be}\boldsymbol{\eta}_e(x=1,\omega)=\boldsymbol{\gamma}_e(\omega) \tag{6-31}$$

其中，$\boldsymbol{\gamma}_e(\omega)$ 为由位移和力组成的列向量；$\boldsymbol{M}_{be}$、$\boldsymbol{N}_{be}$ 分别为单元边界条件选择矩阵。$\boldsymbol{\gamma}_e(\omega)$、$\boldsymbol{M}_{be}$、$\boldsymbol{N}_{be}$ 的表达式为

$$\boldsymbol{\gamma}_e(\omega) = [\, \tilde{u}(0,\omega) \quad \tilde{w}(0,\omega) \quad \tilde{\psi}_z(0,\omega) \quad \tilde{v}(0,\omega) \quad \tilde{\psi}_y(0,\omega) \quad \tilde{\phi}_x(0,\omega)$$

$$\tilde{u}(1,\omega) \quad \tilde{w}(1,\omega) \quad \tilde{\psi}_z(1,\omega) \quad \tilde{v}(1,\omega) \quad \tilde{\psi}_y(1,\omega) \quad \tilde{\phi}_z(1,\omega)\,]^{\mathrm{T}}$$

$$\boldsymbol{M}_{be} = \begin{bmatrix} 1 & 0 & 0 & 0 & 0 & 0 & 0 & 0 & 0 & 0 & 0 & 0 \\ 0 & 0 & 1 & 0 & 0 & 0 & 0 & 0 & 0 & 0 & 0 & 0 \\ 0 & 0 & 0 & 0 & 1 & 0 & 0 & 0 & 0 & 0 & 0 & 0 \\ 0 & 0 & 0 & 0 & 0 & 0 & 1 & 0 & 0 & 0 & 0 & 0 \\ 0 & 0 & 0 & 0 & 0 & 0 & 0 & 0 & 1 & 0 & 0 & 0 \\ 0 & 0 & 0 & 0 & 0 & 0 & 0 & 0 & 0 & 0 & 1 & 0 \\ & & & & & \boldsymbol{0}_{6\times 12} & & & & & & \end{bmatrix}_{12\times 12}$$

$$\boldsymbol{N}_{be} = \begin{bmatrix} & & & & & \boldsymbol{0}_{6\times 12} & & & & & & \\ 0 & 1 & 0 & 0 & 0 & 0 & 0 & 0 & 0 & 0 & 0 & 0 \\ 0 & 0 & 0 & 1 & 0 & 0 & 0 & 0 & 0 & 0 & 0 & 0 \\ 0 & 0 & 0 & 0 & 0 & 1 & 0 & 0 & 0 & 0 & 0 & 0 \\ 0 & 0 & 0 & 0 & 0 & 0 & 0 & 1 & 0 & 0 & 0 & 0 \\ 0 & 0 & 0 & 0 & 0 & 0 & 0 & 0 & 0 & 1 & 0 & 0 \\ 0 & 0 & 0 & 0 & 0 & 0 & 0 & 0 & 0 & 0 & 0 & 1 \end{bmatrix}_{12\times 12}$$

式（6-29）的传递函数方法解为

$$\boldsymbol{\eta}_e(x,\omega) = \boldsymbol{H}_e(x,\omega,V)\boldsymbol{\gamma}_e(\omega) \tag{6-32}$$

其中

$$\boldsymbol{H}_e(x,\omega,V) = \mathrm{e}^{\boldsymbol{F}_e(\omega,V)x} [\, \boldsymbol{M}_b + \boldsymbol{N}_b \mathrm{e}^{\boldsymbol{F}_e(\omega,V)} \,]^{-1} \tag{6-33}$$

2. 单元组装与求解

大变形的机翼可划分为若干常曲率曲梁单元来描述，其求解方程可借鉴有限元方法的思想进行组集。曲梁单元截面上的内力为

$$\begin{cases} N_x = EA\left(\dfrac{\partial u}{\partial x} + \dfrac{w}{R}\right), Q_y = kGA\left(\dfrac{\partial w}{\partial x} - \dfrac{u}{R} - \psi_z\right) \\[2mm] M_z = EI_z\dfrac{\partial \psi_z}{\partial x}, Q_z = kGA\left(\dfrac{\partial v}{\partial x} + \psi_z\right) \\[2mm] M_y = EI_y\left(\dfrac{\partial \psi_y}{\partial x} + \dfrac{\phi_x}{R}\right), T_x = GJ\left(\dfrac{\partial \phi_x}{\partial x} - \dfrac{\psi_z}{R}\right) \end{cases} \tag{6-34}$$

其中，M_y、M_z 分别为机翼绕 y、z 坐标轴的弯矩；T_x 为机翼对 x 坐标轴的扭矩；N_x 为沿 x 坐标轴方向的轴力；Q_y、Q_z 分别为沿 y、z 坐标轴的剪力。

将曲梁单元内力写成矩阵形式

$$Q_e(x) = Q_{ye}(x)\eta_e(x,\omega) \tag{6-35}$$

其中，$Q_e(x) = [N_x \quad Q_y \quad M_z \quad Q_z \quad M_y \quad T_z]^{\mathrm{T}}$；$Q_{ye}(x)$ 为 6×12 矩阵，表达式为

$$Q_{ye} = \begin{bmatrix} 0 & EA & EA/R & 0 & 0 & 0 & 0 & 0 & 0 & 0 & 0 & 0 \\ -kGA/R & 0 & 0 & kGA & -kGA & 0 & 0 & 0 & 0 & 0 & 0 & 0 \\ 0 & 0 & 0 & 0 & EI_z & 0 & 0 & 0 & 0 & 0 & 0 & 0 \\ 0 & 0 & 0 & 0 & 0 & 0 & 0 & kGA & kGA & 0 & 0 & 0 \\ 0 & 0 & 0 & 0 & 0 & 0 & 0 & 0 & 0 & EI_y & EI_y/R & 0 \\ 0 & 0 & 0 & 0 & 0 & 0 & 0 & 0 & -GJ/R & 0 & 0 & GJ \end{bmatrix} \tag{6-36}$$

将式（6-32）代入式（6-35），可得到曲梁单元端点处的内力

$$\begin{bmatrix} Q_e(0) \\ Q_e(1) \end{bmatrix} = \begin{bmatrix} Q_{ye}(0)H_e(0,\omega,V) \\ -Q_{ye}(1)H_e(1,\omega,V) \end{bmatrix} \gamma_e(\omega) \tag{6-37}$$

式（6-37）与有限元法中单元节点力的表达式十分相似，$f_e = \begin{bmatrix} Q_e(0) \\ Q_e(1) \end{bmatrix}$ 可视为单元节点内力，$K_e(\omega,V) = \begin{bmatrix} Q_{ye}(0)H_e(0,\omega,V) \\ -Q_{ye}(1)H_e(1,\omega,V) \end{bmatrix}$ 可视为单元刚度矩阵，$\gamma_e(\omega)$ 可视为单元节点位移向量。

结合有限元思想，将各个单元组集进行拼接，从而得出整个机翼的平衡方程

$$K(\omega,V)\gamma(\omega) = f \tag{6-38}$$

其中，$\quad f = \sum_{i=1}^{n} f_e, \quad K(\omega,V) = \sum_{i=1}^{n} K_e(\omega,V), \quad \gamma(\omega) = \sum_{i=1}^{n} \gamma_e(\omega) \tag{6-39}$

其中，$K(\omega,V)$ 为整个机翼的刚度矩阵；$\gamma(\omega)$ 为机翼节点位移向量；f 为各个单元的内力拼装向量。机翼整体由外部气动力、机翼结构组成，除此之外，机翼没有受到其他外力作用，因而根据单元节点内力与外载荷平衡，可得出

$$f = 0 \tag{6-40}$$

当机翼颤振时，$\gamma(\omega)$ 应有非零解，此时须满足条件

$$\det[K(\omega,V)] = 0 \tag{6-41}$$

因为 $K(\omega,V)$ 是复矩阵，只有满足行列式实部和虚部都等于零才可使矩阵 $K(\omega,V)$ 行列式的值为零，即

$$\begin{cases} \mathrm{Re}\{\det[K(\omega,V)]\} = 0 \\ \mathrm{Im}\{\det[K(\omega,V)]\} = 0 \end{cases} \tag{6-42}$$

式（6-42）包含两个未知变量 V 和 ω，可得到 V 和 ω 的解。其中，V 为机翼颤振速度，ω 为机翼颤振频率。通常，满足式（6-42）的解可能有多组，其中 V 最小的一组即为机翼的颤振特性。

6.4.3　算例分析与讨论

前面推导出了非线性气动力影响下的机翼颤振求解方法，为研究非线性气动力与线性气动力对机翼颤振造成的差异，选取某大柔性机翼模型进行非线性气动力和线性气动力的颤振计算，机翼模型参数如表 6-1 所示，通过改变机翼线密度、展弦比、抗弯刚度和抗扭刚度等参数，对比线性与非线性气动力模型下的颤振结果的差异。

这里取 3 种典型变形进行分析，分别记为变形一、变形二和变形三，对应的翼尖位移取半展长的 3.125%、6.25%、12.5%，分别对 3 种变形进行线性和非线性颤振分析。计算得到 3 种变形下的线性和非线性的机翼颤振速度和颤振频率，分别如图 6-10 和 6-11 所示。

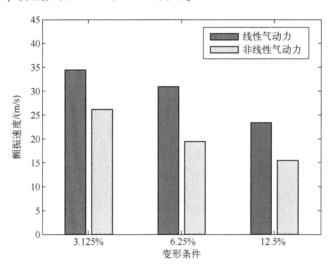

图 6-10　不同变形下的机翼颤振速度对比图

使用表 6-1 中的参数进行非线性气动力条件下的颤振计算，可以发现，非线性气动力求解的颤振速度要低于线性气动力求解的颤振速度，这是因为随着弹性变形的加大，机翼的气动力系数减小，其相应的气动特性也降低，颤振速度也随之降低。颤振频率随着变形程度的加大，变化趋势相同，但是非线性气动力求解的颤振频率变化更加剧烈。

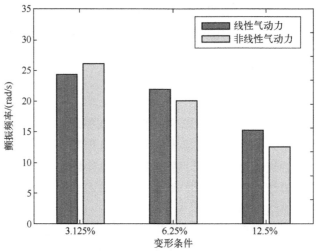

图 6-11　不同变形下的机翼颤振频率对比图

下面将气动弹性系统中的抗弯刚度、抗扭刚度、弹性轴位置、半展弦比和机翼线密度等参数作为变量，以表 6-1 中的参数为基准，以变形条件 6.25% 为例，对比线性气动力和非线性气动力求解的颤振计算结果的变化规律。定义垂直抗弯刚度与表 6-1 中垂直抗弯刚度的比值为抗弯刚度比，即 $\eta_b = EI_b / (EI_{\xi})$，抗扭刚度与表 6-1 中抗扭刚度的比值为 $\eta_t = GJ_t / (GJ)$，分别改变垂直抗弯刚度和抗扭刚度，得到的线性与非线性颤振速度变化趋势如图 6-12 和图 6-13 所示。随着垂直抗弯刚度和抗扭刚度的加大，颤振速度也随之提高，增加垂直抗弯刚度和抗扭刚度可以有效改善气动弹性稳定性。可见，在进行大柔性无人机设计时需要着重注意抗弯刚度和抗扭刚度的设计。

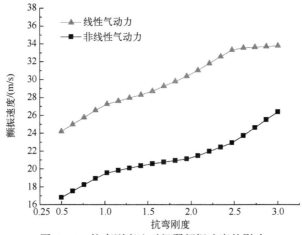

图 6-12　抗弯刚度比对机翼颤振速度的影响

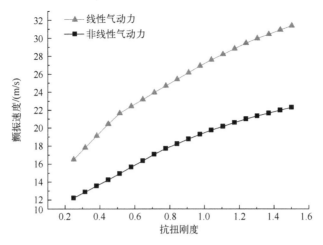

图 6-13　抗扭刚度比对机翼颤振速度的影响

　　机翼线密度和展弦比是大展弦比机翼的重要设计参数，以表 6-1 中的参数为基准，以变形条件 6.25% 为例，随着机翼半展弦比的增加，颤振速度非线性和线性的计算结果都是单调递减的，也就是说，展弦比越大，柔性机翼的气动弹性稳定性越差，如图 6-14 所示。

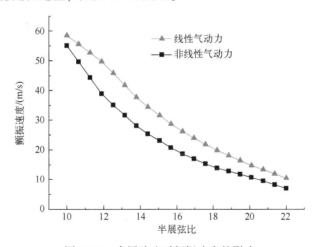

图 6-14　半展弦比对颤振速度的影响

　　颤振速度随机翼线密度的增加而减小，但是线性和非线性的计算误差随着机翼线密度的增加而增大，这是由于随着机翼的质量增加，所受气动力增加，导致两种气动力的计算结果误差变大，如图 6-15 所示。

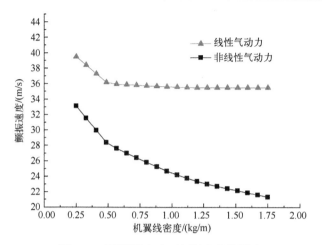

图 6-15　机翼线密度对颤振速度的影响

　　最后，研究弹性轴在机翼中的相对位置对大柔性无人机气动弹性稳定的影响。大柔性无人机的弹性轴在弦向位置是非常重要的气动弹性设计量，如图 6-16 所示，横轴表示弹性轴在弦长相对位置的百分比，纵轴为颤振速度，随着弹性轴后移，颤振速度降低较快，即弹性轴后移严重削弱了大柔性无人机的气动弹性稳定性，非线性颤振速度相比于线性计算结果降低得比较慢。

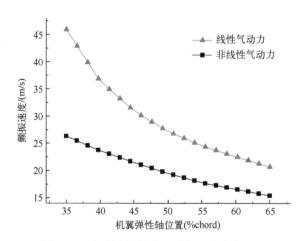

图 6-16　机翼弹性轴位置对颤振速度的影响

6.5　带外挂大展弦比柔性机翼颤振分析

本节针对如图 6-17 所示的大展弦比柔性机翼，分析带外挂情形下机翼的颤振特性。基本思路如下：大展弦比柔性机翼静变形后可视为一根曲梁，根据曲梁单元运动微分方程和机翼非定常气动力模型得出单元柔性机翼颤振微分方程，而后得出机翼单元的传递函数，组装单元时，对机翼外挂通过内力平衡与位移状态条件处理，最后进行求解计算。

图 6-17　大展弦比带外挂柔性机翼

6.5.1　柔性机翼颤振模型

1. 柔性机翼的颤振微分方程

与 6.3.1 节相同，首先基于曲梁六自由度振动方程和 Theodorson 气动模型，推导出柔性机翼单元的颤振微分方程

$$
\begin{cases}
\dfrac{kGA}{R}\left(\dfrac{\partial w}{\partial x}-\dfrac{u}{R}-\psi_z\right)+\dfrac{\partial}{\partial x}\left[EA\left(\dfrac{\partial u}{\partial x}+\dfrac{w}{R}\right)\right]=\rho A\ddot{u} \\[2mm]
\dfrac{\partial}{\partial x}\left[kGA\left(\dfrac{\partial w}{\partial x}-\dfrac{u}{R}-\psi_z\right)\right]-\dfrac{EA}{R}\left(\dfrac{\partial u}{\partial x}+\dfrac{w}{R}\right)-\pi\rho b^2(\ddot{w}+V\dot{\phi}_x-b\bar{a}\ddot{\phi}_x)- \\[2mm]
\quad 2\pi\rho VbC(\omega,V)\left(V\phi_x+\dot{w}+b\left(\dfrac{1}{2}-\bar{a}\right)\dot{\phi}_x\right)=\rho A\ddot{w}-\rho Az_\alpha\ddot{\phi}_x \\[2mm]
\dfrac{\partial}{\partial x}\left(EI\dfrac{\partial \psi_z}{\partial x}\right)+kGA\left(\dfrac{\partial w}{\partial x}-\dfrac{u}{R}-\psi_z\right)=\rho I\ddot{\psi}_z \\[2mm]
\dfrac{\partial}{\partial x}\left[kGA\left(\dfrac{\partial v}{\partial x}+\psi_y\right)\right]=\rho A\ddot{v} \\[2mm]
\dfrac{\partial}{\partial x}\left[EI_y\left(\dfrac{\partial \psi_y}{\partial x}+\dfrac{\phi_x}{R}\right)\right]-kGA\left(\dfrac{\partial v}{\partial x}+\psi_y\right)+\dfrac{GJ}{R}\left(\dfrac{\partial \phi_x}{\partial x}-\dfrac{\psi_y}{R}\right)=\rho I_y\ddot{\psi}_y
\end{cases}
\tag{6-43}
$$

$$\left\{\begin{array}{l}\dfrac{\partial}{\partial x}\left[GJ\left(\dfrac{\partial \phi_x}{\partial x}-\dfrac{\psi_y}{R}\right)\right]-\dfrac{EI_y}{R}\left(\dfrac{\partial \psi_y}{\partial x}+\dfrac{\phi_x}{R}\right)+\\[3mm] \pi\rho b^2\left(b\bar{a}\ddot{w}-Vb\left(\dfrac{1}{2}-\bar{a}\right)\dot{\phi}_x-b^2\left(\dfrac{1}{8}+\bar{a}^2\right)\ddot{\phi}_x\right)+\\[3mm] 2\pi\rho Vb^2\left(\dfrac{1}{2}+\bar{a}\right)C(\omega,V)\left(V\phi_x+\dot{w}+b\left(\dfrac{1}{2}-\bar{a}\right)\dot{\phi}_x\right)=\rho I_\rho\ddot{\phi}_x-\rho Az_\alpha\ddot{w}\end{array}\right.$$

$$(6\text{-}43)（续）$$

2. 机翼单元的传递函数

将颤振微分方程进行 Fourier 变换，化简处理，可得出状态空间方程

$$\frac{\partial \boldsymbol{\eta}_e(x,\omega)}{\partial x}=\boldsymbol{F}_e(\omega,V)\boldsymbol{\eta}_e(x,\omega)+\boldsymbol{g}_e(x,\omega) \tag{6-44}$$

其中，$\boldsymbol{g}_e(x,\omega)=\boldsymbol{0}$；$\boldsymbol{\eta}_e(x,\omega)$ 为单元状态向量，即

$$\boldsymbol{\eta}_e(x,\omega)=\left[\begin{array}{cccccccccccc}u & \dfrac{\partial u}{\partial x} & w & \dfrac{\partial w}{\partial x} & \psi_z & \dfrac{\partial \psi_z}{\partial x} & v & \dfrac{\partial v}{\partial x} & \psi_y & \dfrac{\partial \psi_y}{\partial x} & \phi_x & \dfrac{\partial \phi_x}{\partial x}\end{array}\right]^{\mathrm{T}}$$

转移矩阵 $\boldsymbol{F}_e(\omega,V)$ 为 12×12 的方阵，矩阵中的非零元素为

$$F_e(1,2)=1,F_e(2,1)=\frac{kGA}{EAR^2}-\frac{\rho A}{EA}\omega^2,F_e(2,4)=-\frac{EA}{EAR}+\frac{kGA}{EAR}$$

$$F_e(2,5)=\frac{kGA}{EAR},F_e(3,4)=1,F_e(4,2)=\frac{kGA}{kGAR}+\frac{EA}{kGAR}$$

$$F_e(4,3)=\frac{EA}{kGAR^2}-\frac{\rho A}{kGA}\omega^2+\frac{-\pi\rho b^2\omega^2+2\pi\rho VbC(\omega,V)\omega\mathrm{i}}{kGA},F_e(4,6)=1$$

$$F_e(4,11)=\frac{\rho Az_\alpha\omega^2+\pi\rho b^2(V\omega\mathrm{i}+b\bar{a}\omega^2)+2\pi\rho VbC(\omega,V)(V+b(0.5-\bar{a})\omega\mathrm{i})}{kGA}$$

$$F_e(5,6)=1,F_e(6,1)=\frac{kGA}{EI_zR},F_e(6,4)=-\frac{kGA}{EI_z},F_e(6,5)=\left(\frac{kGA}{EI_z}-\frac{\rho I}{EI_z}\omega^2\right)$$

$$F_e(7,8)=1,F_e(8,7)=-\frac{\rho A\omega^2}{kGA},F_e(8,10)=-1,F_e(9,10)=1$$

$$F_e(10,8)=\frac{kGA}{EI_y},F_e(10,9)=\frac{kGA}{EI_y}+\frac{GJ}{EI_yR^2}-\frac{\rho I_y\omega^2}{EI_y}$$

$$F_e(10,12)=-\left(\frac{EI_y}{EI_yR}+\frac{GJ}{EI_yR}\right),F_e(11,12)=1$$

$$F_e(12,3)=\frac{\pi\rho b^3\bar{a}\omega^2-2\pi\rho Vb^2(0.5+\bar{a})C(\omega,V)\omega\mathrm{i}+\rho Az_\alpha\omega^2}{GJ}$$

$$F_e(12,10) = \frac{GJ}{GJR} + \frac{EI_y}{GJR}$$

$$F_e(12,11) = \frac{EI_y}{GJR^2} - \frac{\rho I_\rho \omega^2}{GJ} + \left[\pi\rho b^3 V(0.5-\overline{a})\omega\mathrm{i} - \pi\rho b^4(0.125+\overline{a}^2)\omega^2 \times \right.$$

$$\left. -2\pi\rho V^2 b^2(0.5+\overline{a})C(\omega,V) - 2\pi\rho V b^3(0.25-\overline{a}^2)C(\omega,V)\omega\mathrm{i} \right]/(GJ)$$

边界条件为

$$\boldsymbol{M}_b\boldsymbol{\eta}_e(0,\omega) + \boldsymbol{N}_b\boldsymbol{\eta}_e(l,\omega) = \boldsymbol{\gamma}_e(\omega) \tag{6-45}$$

其中，l 为单元长度；$\boldsymbol{M}_b$、$\boldsymbol{N}_b$ 为由机翼单元端点条件得到的选择矩阵，均为 12×12 的方阵，其非零元素为

$$M_b(1,1)=1, M_b(2,3)=1, M_b(3,5)=1, M_b(4,7)=1, M_b(5,9)=1$$

$$M_b(6,11)=1, N_b(7,2)=1, N_b(8,4)=1, N_b(9,6)=1, N_b(10,8)=1$$

$$N_b(11,10)=1, N_b(12,12)=1$$

$\boldsymbol{\gamma}_e(\omega)$ 内有力或位移等元素，具体为

$$\boldsymbol{\gamma}_e(\omega) = [\,u(0,\omega)\quad w(0,\omega)\quad \psi_z(0,\omega)\quad v(0,\omega)\quad \psi_y(0,\omega)\quad \phi_x(0,\omega)$$

$$u(l,\omega)\quad w(l,\omega)\quad \psi_z(l,\omega)\quad v(l,\omega)\quad \psi_y(l,\omega)\quad \phi_x(l,\omega)\,]^{\mathrm{T}}$$

式（6-44）的传递函数解为

$$\boldsymbol{\eta}_e(x,\omega) = \boldsymbol{H}_e(x,\omega,V)\boldsymbol{\gamma}_e(\omega) \tag{6-46}$$

其中，

$$\boldsymbol{H}_e(x,\omega,V) = \mathrm{e}^{F_e(\omega,V)x}\left[\boldsymbol{M}_b + \boldsymbol{N}_b\mathrm{e}^{F_e(\omega,V)l}\right]^{-1} \tag{6-47}$$

3. 外挂的传递函数

m_0 表示单个外挂质量，对应转动惯量表示为 I_0；外挂距机翼截面刚心的长度表示为 z_0；$\beta(t)$ 表示外挂相对机翼根部截面弦线的偏转角；K_β 表示外挂与机翼连接处的抗扭刚度；$K_\beta(\beta(t)-\phi_x)$ 表示外挂因为俯仰方向上转动产生的对弹性轴的扭矩，通过 Fourier 变换得到 $K_\beta(\beta(\omega)-\phi_x)$；$m_0 z_0 \dfrac{\partial^2 w}{\partial t^2}$ 表示外挂自身重力在外挂处对机翼弹性轴的扭矩，通过 Fourier 变换得到 $-m_0 z_0 \omega^2 w$；$m_0 \dfrac{\partial^2 w}{\partial t^2}$ 表示外挂由于自身重力在机翼外挂处的剪力，通过 Fourier 变换得到 $-m_0 \omega^2 w$。

以上在确定外挂处平衡方程时，引入了新的变量 $\beta(t)$，因此需要多加一个求解方程。对于外挂，其俯仰振动微分方程为

$$(I_0 + m_0 r_0^2)\frac{\partial \beta^2(t)}{\partial t^2} + K_\beta(\beta(t)-\phi_x) = 0 \tag{6-48}$$

其中，r_0 为外挂处到外挂质心的长度，且 $r_0 = \sqrt{y_0^2 + z_0^2}$，$y_0$、$z_0$ 分别为集中外挂质心到机翼横截面刚心的弦向距离和铅垂距离。

对式（6-48）进行 Fourier 变换，并整理得

$$\beta(\omega) = \frac{K_\beta \phi_x}{K_\beta - \omega^2(I_0 + m_0 r_0^2)} \tag{6-49}$$

将式（6-49）代入 $K_\beta(\beta(\omega) - \phi_x)$ 并整理得到 $\dfrac{K_\beta \omega^2(I_0 + m_0 r_0^2)}{K_\beta - \omega^2(I_0 + m_0 r_0^2)} \phi_x$。

4. 单元组装

引入有限元的求解思路，并把柔性大展弦比机翼看作由若干曲梁单元组成，具体处理方法如下。

曲梁单元横截面上的内力为

$$\begin{cases} N_x = EA\left(\dfrac{\partial u}{\partial x} + \dfrac{w}{R}\right), Q_y = kGA\left(\dfrac{\partial w}{\partial x} - \dfrac{u}{R} - \psi_z\right) \\[2mm] M_z = EI_z \dfrac{\partial \psi_z}{\partial x}, Q_z = kGA\left(\dfrac{\partial v}{\partial x} + \psi_y\right) \\[2mm] M_y = EI_y\left(\dfrac{\partial \psi_y}{\partial x} + \dfrac{\phi_x}{R}\right), T_x = GJ\left(\dfrac{\partial \phi_x}{\partial x} - \dfrac{\psi_y}{R}\right) \end{cases} \tag{6-50}$$

其中，M_y、M_z 分别为机翼绕 y、z 坐标轴的弯矩；T_x 为机翼对 x 坐标轴的扭矩；N_x 为沿 x 坐标轴方向的轴力；Q_y、Q_z 分别为沿 y、z 坐标轴的剪力。

曲梁单元内力可以表示为

$$\boldsymbol{Q}_e(x) = \boldsymbol{Q}_{\eta e}(x)\boldsymbol{\eta}_e(x,\omega) \tag{6-51}$$

其中，$\boldsymbol{Q}_e(x) = \begin{bmatrix} N_x & Q_y & M_z & Q_z & M_y & T_x \end{bmatrix}^{\mathrm{T}}$，$\boldsymbol{Q}_{\eta e}(x)$ 为 6×12 的矩阵，其非零元素为

$Q_{\eta e}(1,2) = EA, Q_{\eta e}(1,3) = EA/R, Q_{\eta e}(2,1) = -kGA/R, Q_{\eta e}(2,4) = kGA$

$Q_{\eta e}(2,5) = -kGA, Q_{\eta e}(3,5) = EI_z, Q_{\eta e}(4,8) = kGA, Q_{\eta e}(4,9) = kGA, Q_{\eta e}(5,10) = EI_y$

$Q_{\eta e}(5,11) = EI_y/R, Q_{\eta e}(6,9) = -GJ/R, Q_{\eta e}(6,12) = GJ$

把式（6-46）代入式（6-51），令 $x=0$、$x=l$，即曲梁单元端点的内力可表示为

$$\boldsymbol{f}_e = \boldsymbol{K}_e(\omega, V)\boldsymbol{\gamma}_e(\omega) \tag{6-52}$$

其中，$\boldsymbol{f}_e = \begin{bmatrix} \boldsymbol{Q}_e(0) \\ \boldsymbol{Q}_e(l) \end{bmatrix}$，$\boldsymbol{K}_e(\omega, V) = \begin{bmatrix} \boldsymbol{Q}_{\eta e}(0)\boldsymbol{H}_e(0,\omega,V) \\ -\boldsymbol{Q}_{\eta e}(l)\boldsymbol{H}_e(l,\omega,V) \end{bmatrix}$。

类似于有限元方法中的节点力处理方法，$\boldsymbol{f}_e$ 等效为节点两端的内力；$\boldsymbol{K}_e(\omega, V)$ 等效为刚度矩阵；$\boldsymbol{\gamma}_e(\omega)$ 等效为节点运动产生的位移向量。

设外挂位于某单元端点处，此处机翼内力包括扭矩、弯矩和剪力，应处于平衡状态，可以表示为

$$
\begin{cases}
N'_x = N_x = EA\left(\dfrac{\partial u}{\partial x} + \dfrac{w}{R}\right) \\[2mm]
M'_z = M_z = EI_z \dfrac{\partial \psi_z}{\partial x} \\[2mm]
M'_y = M_y = EI_y\left(\dfrac{\partial \psi_y}{\partial x} + \dfrac{\phi_x}{R}\right) \\[2mm]
Q'_z = Q_z = kGA\left(\dfrac{\partial v}{\partial x} + \psi_y\right) \\[2mm]
Q'_y = Q_y - m_0\omega^2 w = kGA\left(\dfrac{\partial w}{\partial x} - \dfrac{u}{R} - \psi_z\right) - m_0\omega^2 w \\[2mm]
T'_x = T_x + K_\beta(\beta(t) - \phi_x) - m_0 z_0\omega^2 w \\[2mm]
\quad = GJ\left(\dfrac{\partial \phi_x}{\partial x} - \dfrac{\psi_y}{R}\right) + K_\beta(\beta(t) - \phi_x) - m_0 z_0\omega^2 w
\end{cases}
\tag{6-53}
$$

根据式（6-51）及外挂传递函数可得 $Q'_e(l) = [\ N'_x \quad Q'_y \quad M'_z \quad Q'_z \quad M'_y \quad T'_x\ ]^{\mathrm{T}}$，$Q'_{\eta e}(l)$ 是 6×12 的矩阵，其中的非零元素为

$Q'_{\eta e}(1,2) = EA$，$Q'_{\eta e}(1,3) = EA/R$，$Q'_{\eta e}(2,1) = -kGA/R$，$Q'_{\eta e}(2,3) = -m_0\omega^2$

$Q'_{\eta e}(2,4) = kGA$，$Q'_{\eta e}(2,5) = -kGA$，$Q'_{\eta e}(3,5) = EI_z$，$Q'_{\eta e}(4,8) = kGA$

$Q'_{\eta e}(4,9) = kGA$，$Q'_{\eta e}(5,10) = EI_y$，$Q'_{\eta e}(5,11) = EI_y/R$，$Q'_{\eta e}(6,3) = -m_0 z_0\omega^2$

$Q'_{\eta e}(6,9) = -GJ/R$，$Q'_{\eta e}(6,11) = \dfrac{K_\beta\omega^2(I_0 + m_0 r_0{}^2)}{K_\beta - \omega^2(I_0 + m_0 r_0{}^2)}$，$Q'_{\eta e}(6,12) = GJ$

带外挂单元的节点内力和刚度矩阵为

$$
f_e = \begin{bmatrix} \boldsymbol{Q}_e(0) \\ \boldsymbol{Q}'_e(l) \end{bmatrix},\quad
\boldsymbol{K}_e(\omega, V) = \begin{bmatrix} \boldsymbol{Q}_{\eta e}(0)\,\boldsymbol{H}_e(0, \omega, V) \\ -\boldsymbol{Q}'_{\eta e}(l)\,\boldsymbol{H}_e(l, \omega, V) \end{bmatrix}
$$

结合有限元思想，将各个单元组集进行拼接，从而得出整个机翼的平衡方程

$$
\boldsymbol{K}(\omega, V)\boldsymbol{\gamma}(\omega) = f
\tag{6-54}
$$

其中，$\boldsymbol{K}(\omega, V)$ 为整个机翼的刚度矩阵；$\boldsymbol{\gamma}(\omega)$ 为机翼节点位移向量；f 为各个单元的内力拼装向量。

6.5.2　颤振特性的求解

机翼整体由外部气动力、机翼结构和外挂组成，不受其他外力影响，所以整个机翼处于平衡状态，因此式（6-54）中，有

$$f = 0 \tag{6-55}$$

按照机翼的假设状态，结合有限元思想，将刚度矩阵 $K(\omega, V)$ 按边界条件整理[71,72]。

若机翼发生颤振，则 $\gamma(\omega)$ 一定存在非零解，所以应满足

$$\det[K(\omega, V)] = 0 \tag{6-56}$$

$K(\omega, V)$ 是复矩阵，只有满足行列式实部和虚部都等于零才可使矩阵 $K(\omega, V)$ 行列式的值为零，由此可得

$$\begin{cases} \mathrm{Re}\{\det[K(\omega, V)]\} = 0 \\ \mathrm{Im}\{\det[K(\omega, V)]\} = 0 \end{cases} \tag{6-57}$$

由式（6-57）可以得到两个方程，而矩阵 $K(\omega, V)$ 中恰好有两个未知数变量，分别为空速 V 和圆频率 ω，因此可以定解。求解式（6-57），可能得到多组解。根据机翼空速在超过颤振临界速度就会发生颤振，求得的解 (V, ω) 中，空速 V 最小的这组可以反映出机翼的颤振特性。

需要说明的是，为了得到式（6-57）的解，可用 MATLAB 绘制 $\mathrm{Re}\{\det[K(\omega, V)]\}$ 和 $\mathrm{Im}\{\det[K(\omega, V)]\}$ 的等值线图，通过等值线的交点判断出相对应的解；为了提高求解速度和精度，可以先在大区间 $\begin{cases} V \in (V_0, V_1) \\ \omega \in (\omega_0, \omega_1) \end{cases}$ 内找到机翼颤振速度所在的较小区间 $\begin{cases} V' \in (V'_0, V'_1) \\ \omega' \in (\omega'_0, \omega'_1) \end{cases}$，在此区间内划分更细的区间范围 $\Delta V'$ 和 $\Delta \omega'$，然后利用 MATLAB 绘制 $\mathrm{Re}\{\det[K(\omega, V)]\}$ 和 $\mathrm{Im}\{\det[K(\omega, V)]\}$ 的等值线图，最终求得机翼的颤振速度和颤振频率。

6.5.3　算例验证及分析

下面将采用本节方法计算机翼带外挂的情形与有限元软件 MSC 的计算结果进行对比。外挂的主要参数如表 6-5 所示。

表 6-5　外挂的主要参数

主　要　参　数	数　　值
质量 m_0/kg	2
转动惯量 I_0/(kg $\cdot$ m^2)	0.1
距弹性轴弦向距离 y_0/m	0
距弹性轴铅垂距离 z_0/m	0
俯仰连接刚度 K_β/(N $\cdot$ m^2)	∞

为提高方法验证的效率，令机翼重心到机翼横截面刚心的长度 $x_\alpha = 0$，机翼其他主要参数如表 6-1 所示。

采用 MSC.Patran 软件（简称 MSC 软件）进行仿真，先对带外挂机翼模型进行建模，划分网格时使用二维壳单元，如图 6-18 所示，每个机翼都分成 60 个结构性单元，为模拟具有质量和转动惯量的外挂特性，采用质量单元。取 3 种典型变形进行分析，分别记为变形一、变形二和变形三，对应的翼尖位移分别取半展长的 3.125%、6.250% 和 12.50%，对 3 种变形机翼带 1 个外挂的情形进行模态仿真，并利用 MSC 软件中的分析模块 FlightLoads 进行气动弹性分析。

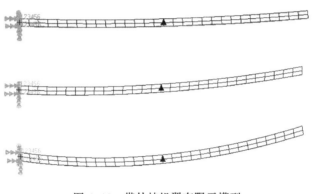

图 6-18　带外挂机翼有限元模型

为验证 6.5.2 节提出的计算方法对柔性机翼带多个外挂时同样适用，本节不仅对柔性机翼带单个外挂情形进行仿真对比，还分别对 3 种变形机翼带多个外挂进行有限元建模仿真，如图 6-19 所示，以变形二机翼为例展示带 1~3 个外挂的机翼仿真模型。

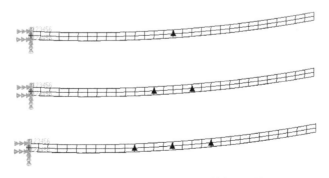

图 6-19　带不同数量外挂的机翼有限元模型

表 6-6 所示为机翼带不同数量外挂的算例分别用本章算法和有限元方法进行计算的结果。通过表 6-6 中的结果对比，可以得出，采用两种方法计算得到的颤振速度具有较好的一致性，从而验证了本章方法的正确性。

表 6-6　机翼带不同数量外挂时的颤振速度

变形情况	颤振速度/(m/s)（本章解/有限元方法解）			
	无外挂	1 个外挂	2 个外挂	3 个外挂
变形一	35.7/36.6	40.0/39.3	41.4/40.4	43.3/42.4
变形二	27.3/25.7	31.7/28.4	33.4/31.3	36.7/35.1
变形三	25.2/23.2	27.1/25.5	28.1/27.3	30.2/29.1

当外挂的物理参数发生改变时，相应的机翼气动弹性也会发生改变，这会直接影响整个飞行器的颤振特性，因此，本节专门针对此问题进行了讨论。主要以机翼带单个外挂和多个外挂两种情况为例，从以下几个方面进行分析：外挂质量、转动惯量、外挂位置分布情况和外挂数量。

1. 单个外挂对机翼颤振特性的影响

以机翼带单个外挂为例，挂点的展向位置为 $0.5L$（L 为机翼半展长），弦向位于弹性轴上，分别改变外挂质量和转动惯量，研究其对机翼颤振特性的影响规律。外挂质量的改变会影响机翼的气动特性，如图 6-20 所示，横坐标表示外挂质量 m，纵坐标表示颤振速度 V。转动惯量的改变也对机翼气动特性产生较大影响，如图 6-21 所示，横坐标为外挂的转动惯量 I_0 和机翼单位长度转动惯量 I_α 之比，纵坐标表示颤振速度 V。图 6-20 和图 6-21 均为柔性机翼在 3 种变形条件下的颤振速度曲线。从两图可以看出，随着外挂质量和转动惯量的增加，机翼的颤振速度也不断增加。当机翼处于大变形条件时，颤振速度增加趋势相对较缓；随着机翼变形程度的减小，颤振速度增加趋势更加明显。

机翼弹性轴在机翼上的相对位置会影响机翼的颤振特性，外挂的存在又会改变机翼的受力特性，因此外挂的弦向位置变化，即与弹性轴的相对位置变化，也会对机翼颤振特性产生较大影响。仍以带单个外挂柔性机翼为例，如图 6-22 所示横坐标表示外挂处弦向位置 z 与机翼半弦长 b 之比，弦向位置 z 位于弹性轴前时取负值，位于弹性轴后时取正值；纵坐标为机翼颤振速度 V。从图 6-22 可以看出，在外挂弦向位置从机翼前缘到后缘的过程中，机翼在 3 种变形情况下，颤振速度不断降低，其中在大变形情况下，颤振特性最为稳定，颤振速度变化最小。综上，机翼为获得较好的颤振特性，应将外挂置于靠近机翼前缘的位置。

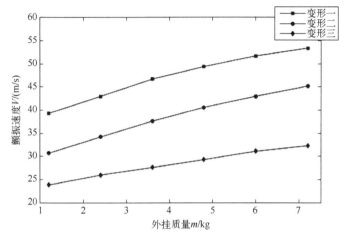

图 6-20　机翼外挂质量对颤振速度的影响

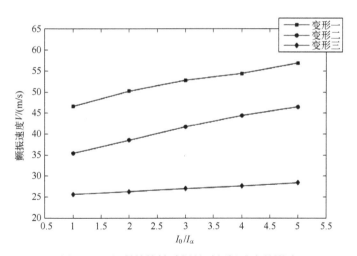

图 6-21　机翼外挂转动惯量对颤振速度的影响

本书建立的机翼气动模型是三维结构的，即引入了机翼长度因素，因此，图 6-23 给出了外挂位置沿展向位置变化对机翼气动特性的影响。以带单个外挂柔性机翼为例，图 6-23 中的水平轴表示机翼外挂展向位置坐标 x 与机翼半展长 L 之比，纵轴表示机翼颤振速度 V。根据图中的曲线可以看到，随着外挂位置从翼根移到翼尖，机翼颤振速度先增大后减小，当外挂位于翼展中部位置时，可获得最优的颤振特性。其中，机翼变形程度较大时，颤振特性较为稳定，颤振速度变化幅度较小；随着机翼变形程度减小，颤振速度变化更加明显。此规律结合外挂弦向分布规律，对大展弦比柔性机翼飞行器的设计具有指导意义，为了提高此类飞行器机翼颤振特性，应尽量使外挂位于机翼中部且靠近前缘位置。

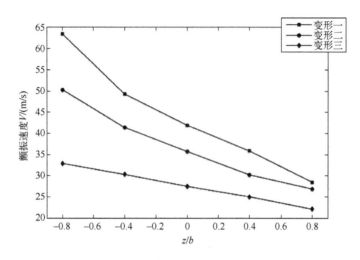

图 6-22   外挂在机翼弦向的位置对颤振速度的影响

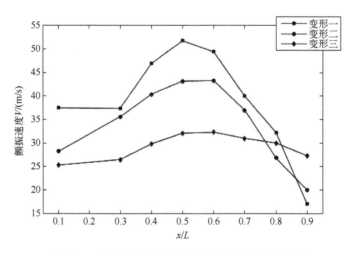

图 6-23   外挂在机翼展向的位置对颤振速度的影响

2. 多个外挂对机翼颤振特性的影响

这里在前面的基础上拓展到机翼带多个外挂的情形。通过计算发现在外挂数目不变的情况下，外挂的质量、转动惯量和外挂位置分布情况等因素对机翼颤振速度的影响与前述讨论的结果基本一致，这里不再重复。

外挂数量也是影响机翼气动特性的重要参数。因此，下面研究外挂数量对机翼颤振的影响。其中，外挂沿机翼展向均匀分布。以下从两个角度分别进行分析。

一是单个外挂质量不变，随着外挂数量的增加，外挂总质量增加，颤振特性如图 6-24 所示，横坐标表示外挂数量，纵坐标表示机翼颤振速度 V。当单个外挂质量不变时，随着外挂数量增加，机翼颤振速度变化基本与图 6-20 相同，即随着外挂数量的增加（总质量增加），机翼颤振速度提高。其中，机翼变形程度较大时，颤振特性较为稳定，颤振速度变化较小；机翼变形程度越小，颤振速度提高得越明显。

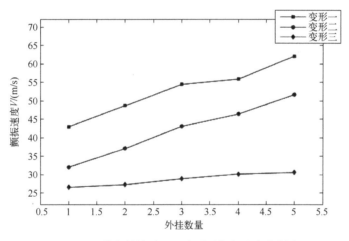

图 6-24　单个外挂质量不变时对颤振速度的影响

二是外挂总质量不变，随着外挂数量增加，单个外挂质量减小，颤振特性如图 6-25 所示，横坐标表示外挂数量，纵坐标表示机翼颤振速度 V。当外挂总质量不变时，随着外挂数量的增加，即外挂质量更加均匀地分布在机翼上，当机翼变形程度较大时，颤振特性非常稳定，颤振速度几乎不变；当机翼变形较小时，颤振特性提高明显。所以在进行机翼设计时，当外挂总质量不变且机翼变形程度较大时，外挂分布的均匀程度对机翼颤振特性几乎没有影响。

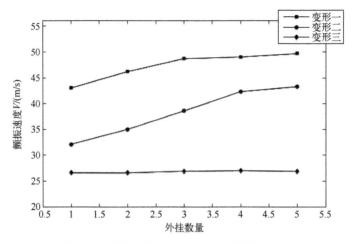

图 6-25　外挂总质量不变时对颤振速度的影响

第7章 大展弦比机翼阵风响应分析的
传递函数方法

7.1 引言

机翼动力响应分析关系到飞行器结构强度、疲劳及飞行品质等问题，在飞行器设计中位于极其重要的地位，准确模拟出机翼在各种激励下的动力响应，可为改善飞行器气动弹性特性和飞行品质提供重要参考依据[101]。本章运用传递函数方法，研究阵风影响下的大展弦比机翼响应，先求得机翼在频域内的解析解，而后通过数值 Laplace 逆变换方法求出机翼在时域内的响应，并通过与已有参考文献中的结果对比，证明该方法的正确性。

7.2 阵风响应微分方程的建立

在机翼受阵风扰动之前，认为机翼处于平衡位置，即气动力与飞机重力合外力为零，机翼的位移和速度初始条件为零，所以机翼受阵风扰动问题可以归结为机翼在外部扰动影响下，偏离平衡状态的位移和变形随时间变化的过程。为此，需要做出下列假设。

（1）机翼一端固定，可近似等效为悬臂梁结构。

（2）阵风响应运动对称于飞行器纵向对称面，并且忽略机翼俯仰运动的影响。

（3）在初始情况下，飞行器以速度 V 水平飞行，且速度保持不变。

（4）阵风方向垂直于航向，并沿展向均匀分布。

于是，机翼的阵风响应只有一个自由度，即垂直于航迹的位移。如图 7-1 所示建立坐标系，坐标轴原点为机翼弹性轴与机翼固定端截面交点；x 轴沿展向由固定端指向自由端；y 轴沿机翼弦向指向机翼后方；z 轴与 x 轴、y 轴均垂直，方向满足右手定则。

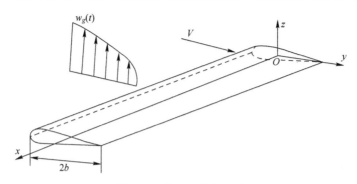

图 7-1　长直机翼示意图

　　根据经典梁理论和空气动力片条理论，并且在假设中忽略了机翼俯仰运动的影响，可以得到机翼的运动方程

$$EI(x)\frac{\partial^4 h}{\partial x^4}+m(x)\frac{\partial^2 h}{\partial t^2}=L(h,t) \tag{7-1}$$

其中，EI 为抗弯刚度；h 为机翼在 z 轴方向上产生的位移，向上为正；m 为机翼单位长度质量；L 为机翼单位展长上的升力。根据准定常片条理论，有

$$L(h,t)=2\pi\rho Vb\left(w_g(t)-\frac{\partial h}{\partial t}\right) \tag{7-2}$$

其中，ρ 为标准大气密度；b 为机翼半弦长；V 为机翼飞行速度；$w_g(t)$ 为阵风函数。

　　将式（7-2）代入式（7-1）可以得到机翼的阵风响应微分方程

$$EI(x)\frac{\partial^4 h}{\partial x^4}+m(x)\frac{\partial^2 h}{\partial t^2}=2\pi\rho Vb\left(w_g(t)-\frac{\partial h}{\partial t}\right) \tag{7-3}$$

　　由求解机翼响应的假设条件可以得出机翼两端的边界条件为

$$\begin{cases} h(0,t)=0 \\[4pt] \dfrac{\partial h(0,t)}{\partial x}=0 \\[4pt] \dfrac{\partial^2 h(l,t)}{\partial x^2}=0 \\[4pt] \dfrac{\partial^3 h(l,t)}{\partial x^3}=0 \end{cases} \tag{7-4}$$

其中，l 为机翼半展长。同样根据机翼假设条件可以得出初始条件为

$$\begin{cases} h(x,0)=0 \\ \dfrac{\partial h(x,0)}{\partial t}=0 \end{cases} \tag{7-5}$$

7.3　传递函数方法求解

将式（7-3）进行 Laplace 变换处理，而后运用传递函数方法求得机翼响应在频域内的解析解，再通过数值 Laplace 逆变换的方法求出机翼在时域内的阵风响应。

将式（7-3）进行 Laplace 变换并整理得

$$\frac{\partial^4 \bar{h}(x,s)}{\partial x^4}=\frac{2\pi\rho Vb\bar{w}_g(s)}{EI(x)}-\frac{(2\pi\rho Vbs+m(x)s^2)}{EI(x)}\bar{h}(x,s) \tag{7-6}$$

定义状态变量

$$\boldsymbol{\eta}(x,s)=\begin{bmatrix} \bar{h}(x,s) & \dfrac{\partial \bar{h}(x,s)}{\partial x} & \dfrac{\partial^2 \bar{h}(x,s)}{\partial x^2} & \dfrac{\partial^3 \bar{h}(x,s)}{\partial x^3} \end{bmatrix}^{\mathrm{T}} \tag{7-7}$$

将式（7-6）写成状态空间方程的形式

$$\frac{\partial}{\partial x}\boldsymbol{\eta}(x,s)=\boldsymbol{F}(s)\boldsymbol{\eta}(x,s)+\boldsymbol{q}(x,s) \tag{7-8}$$

其中，$\boldsymbol{F}(s)=\begin{bmatrix} 0 & 1 & 0 & 0 \\ 0 & 0 & 1 & 0 \\ 0 & 0 & 0 & 1 \\ -\dfrac{2\pi\rho Vbs+m(x)s^2}{EI(x)} & 0 & 0 & 0 \end{bmatrix}$, $\boldsymbol{q}(x,s)=\begin{bmatrix} 0 \\ 0 \\ 0 \\ \dfrac{2\pi\rho Vb\bar{w}_g(s)}{EI(x)} \end{bmatrix}$ (7-9)

根据传递函数方法，机翼边界条件可以写成如下形式：

$$\boldsymbol{M}(s)\boldsymbol{\eta}(0,s)+\boldsymbol{N}(s)\boldsymbol{\eta}(l,s)=\boldsymbol{\gamma}(s) \tag{7-10}$$

其中，$\boldsymbol{M}(s)=\begin{bmatrix} 1 & 0 & 0 & 0 \\ 0 & 1 & 0 & 0 \\ 0 & 0 & 0 & 0 \\ 0 & 0 & 0 & 0 \end{bmatrix}$, $\boldsymbol{N}(s)=\begin{bmatrix} 0 & 0 & 0 & 0 \\ 0 & 0 & 0 & 0 \\ 0 & 0 & 1 & 0 \\ 0 & 0 & 0 & 1 \end{bmatrix}$, $\boldsymbol{\gamma}(s)=\begin{bmatrix} 0 \\ 0 \\ 0 \\ 0 \end{bmatrix}$ (7-11)

根据传递函数理论，式（7-8）的解为

$$\boldsymbol{\eta}(x,s)=\int_0^l \boldsymbol{G}(x,\xi,s)\boldsymbol{q}(\xi,s)\,\mathrm{d}\xi+\boldsymbol{H}(x,s)\boldsymbol{\gamma}(s),x\in[0,l] \tag{7-12}$$

其中，
$$G(x,\xi,s)=\begin{cases}H(x,s)M(s)\,\mathrm{e}^{-F(s)\xi} & \xi\leqslant x\\-H(x,s)N(s)\,\mathrm{e}^{F(s)(l-\xi)} & \xi>x\end{cases}\tag{7-13}$$

$$H(x,s)=\mathrm{e}^{F(s)x}[M(s)+N(s)\,\mathrm{e}^{F(s)l}]^{-1}\tag{7-14}$$

因为 $\overline{w}_g(s)$ 只和 s 相关，与 x 无关联，将式 (7-9)、式 (7-11)、式 (7-13) 和式 (7-14) 代入式 (7-7) 并化简得

$$\begin{aligned}\boldsymbol{\eta}(x,s)=&[H(x,s)M(s)-H(x,s)M(s)\,\mathrm{e}^{-F(s)x}\\&-H(x,s)N(s)\,\mathrm{e}^{F(s)(l-x)}+H(x,s)N(s)]F(s)^{-1}q(s)\end{aligned}\tag{7-15}$$

式 (7-15) 即为机翼在 s 频域条件下封闭形式的解析解。

要得到机翼随时间变化的响应，则需将式 (7-15) 的结果进行 Laplace 逆变换，而式 (7-15) 的形式比较复杂，使用常规解析方法的 Laplace 逆变换很难实现，所以考虑使用数值 Laplace 逆变换的方法来解决。这里采用参考文献[102]中论述的方法，与其他已提出的 Laplace 反演方法相比，不需要通过有限数量的多项式近似表示解析解，所以避免了级数求和产生的收敛问题，但该方法要达到所需的计算精度会花费更长的计算时间，这里通过 Matlab 程序实现。

使用式 (7-15) 逆变换得到的 $\boldsymbol{\eta}(x,t)$ 可以计算机翼的挠度 h、转角 θ、弯矩 M 和剪力 Q 响应，具体如下：

$$\begin{cases}h=h(x,t)\\\theta=\dfrac{\partial h(x,t)}{\partial x}\\M=-EI\dfrac{\partial^2 h(x,t)}{\partial x^2}\\Q=-EI\dfrac{\partial^3 h(x,t)}{\partial x^3}\end{cases}\tag{7-16}$$

7.4　算例验证与分析

7.4.1　算例验证

选取参考文献[48]中的例 6.3.1 进行算例验证。已知一端固定、另一端自由的大展弦比均匀等剖面直机翼，其弦长为 0.32m，半展长为 3.2m，抗弯刚度为 $EI=1\times10^5\mathrm{N}\cdot\mathrm{m}^2$，大气密度为 $\rho=1.225\mathrm{kg/m}^3$，单位长度机翼质量为 $m=4.0\mathrm{kg/m}$，计算机翼以速度 $V=70\mathrm{m/s}$ 进入锐边突风 $w_g=w_0\varepsilon(t)$，其中，

$w_0 = 20\text{m/s}$。

参考文献[48]中给出了翼尖加速度响应，而本章无法直接求出算例的翼尖加速度响应，由式（7-16）可以得出翼尖的挠度随时间的响应，所以为了更直观地与参考文献中的计算结果进行对比，这里对挠度的时间响应进行处理，通过求解挠度响应的二阶导数得到翼尖的加速度响应，最后得到结果与参考文献中的结果对比，如图 7-2 所示。

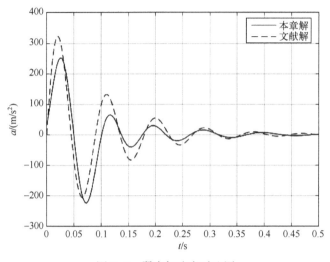

图 7-2　翼尖加速度对比图

图 7-2 的中横坐标表示响应时间，纵坐标表示翼尖沿 z 轴加速度，通过对比可以发现，两者的翼尖加速度的变化规律一致，证明了本章方法的可行性，但本章方法计算得到的加速度幅值与参考文献中的计算结果相比普遍偏小，这是由于 Laplace 反演方法是对解析方程的近似求解，锐边突风为阶跃函数，Laplace 反演无法完全反映出激励瞬间增大到预定值的特征，相当于对阶跃过程产生了一定平滑作用，导致阶跃激励产生的响应加速度峰值略低于参考文献中的计算结果。这是产生两种算法结果误差的主要原因。为了检验本章算法的精确性，把本章计算结果与经典力学计算结果进行对比。根据锐边突风的响应特点，当机翼进入锐边突风区域后，随着时间增加，机翼会逐渐进入稳定状态，此时可以对机翼进行静力分析，对比经典力学方法与本章方法得到的计算结果。这里选取翼尖的挠度 h 和转角 θ、翼根的弯矩 M 和剪力 Q 进行计算，本章方法计算结果如图 7-3 所示。

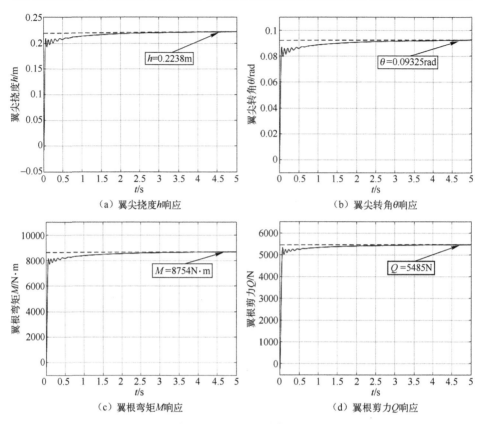

（a）翼尖挠度h响应　　　　　（b）翼尖转角θ响应

（c）翼根弯矩M响应　　　　　（d）翼根剪力Q响应

图7-3　机翼响应计算结果

图7-3中横坐标表示响应时间，纵坐标分别表示翼尖的挠度 h 和转角 θ、翼根的弯矩 M 和剪力 Q。从图中可以看出，机翼进入锐边突风区域后，大约经过 $0.5\,\mathrm{s}$ 的振荡区间，而后由于机翼的阻尼效果，逐渐趋于稳定。从图中读出机翼稳定时的各项参数值，与经典力学计算结果对比，如表7-1所示。

表7-1　机翼稳定状态响应对比

物 理 量	力学公式	经 典 解	本 章 解	相 对 误 差
挠度 h/m	$h=\dfrac{Ll^4}{8EI}$	0.2263	0.2238	1.11%
转角 θ/rad	$\theta=\dfrac{Ll^3}{6EI}$	0.09420	0.09325	1.02%

续表

物　理　量	力学公式	经典解	本章解	相对误差
弯矩 $M/\text{N}\cdot\text{m}$	$M=\dfrac{Ll^2}{2}$	8827	8754	0.83%
剪力 Q/N	$Q=Fl$	5517	5485	0.58%

通过表 7-1 可以发现，两种解的吻合度非常高，两者的计算误差也较小，从而证明了用本章方法计算机翼响应的正确性且具有很高的精度。

7.4.2　"1-cos"阵风响应

1. 阵风模型

本节重点讨论"1-cos"阵风响应，这是因为实际工程中遇到这类阵风的频率最高，"1-cos"阵风速度表达式为

$$w_g=\frac{1}{2}W_0\left\{1-\cos\left[2\pi x/(2H)\right]\right\} \tag{7-17}$$

其中，W_0 为阵风峰值速度，$W_0=20\text{m/s}$；H 为离散尺度，$H=4\text{m}$。"1-cos"阵风响应的具体形式如图 7-4 所示。

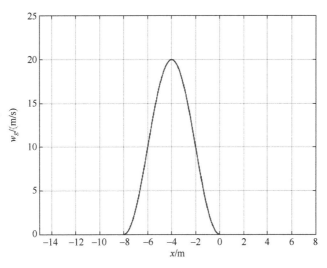

图 7-4　"1-cos"阵风响应的具体形式

2. 阵风响应分析

机翼模型选取 7.4.1 节的算例模型，阵风模型选取"1-cos"阵风，通过

本书方法计算出 3 种不同条件下翼尖挠度随时间变化曲线，3 种情况分别是空速 V 为 30m/s、50m/s、70m/s，具体结果如图 7-5 所示。

从图 7-5 中可以看出，空速越大，翼尖挠度响应的挠度峰值越小、主瓣宽度越窄，响应变化越剧烈。这是由于空速越高，即飞行器以更快的速度经过阵风区域，也就是机翼受阵风影响的时间也越短，所以响应随时间变化的曲线主瓣宽度会越窄。由式（7-2）可以看出，机翼所受升力 L 与空速 V 呈正比，即空速越大，机翼所受激励越强烈，这就导致响应变化更剧烈。因此，空速越大，翼尖攀升越快，翼尖加速度越大。结合之前的分析，空速增大后虽然翼尖挠度变化更剧烈，但是受阵风影响的时间却受到更强的限制，导致机翼挠度峰值减小，机翼受阵风的影响也相对更小。根据此规律可以发现，当飞行器通过阵风环境时，提高通过速度可以减小阵风对机翼产生的响应幅值，达到更好地保护机翼的目的。

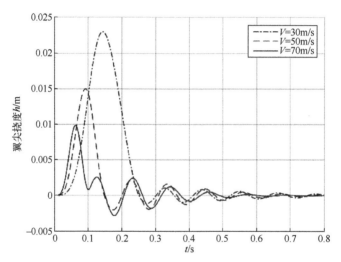

图 7-5　不同空速下翼尖挠度随时间变化曲线

7.4.3　连续大气紊流响应

1. 大气紊流响应求解

飞行器在飞行时，机翼除了会受到上节讨论的离散突风的影响，还会受到连续大气紊流的影响。一般将紊流看成平稳、连续的随机过程，一般用功率谱密度描述。本节选取的是 Dryden 紊流模型，自功率谱密度函数为

$$\varPhi_G = 2\sigma^2 \tau_g \frac{1+3\,(\omega\tau_g)^2}{[\,1+(\omega\tau_g)^2\,]^2} \tag{7-18}$$

其中，σ 为均方根突风速度；$\tau_g = L_s/V$，L_s 为紊流尺度，V 为飞行速度；ω 为圆频率，单位为 rad/s。

机翼响应 $S(t)$ 的均方值可表示为

$$\bar{S}^2(t) = \frac{1}{2\pi} \int_0^\infty \varPhi_G \, |H_S(\omega)|^2 \mathrm{d}\omega \tag{7-19}$$

其中，$\varPhi_G \, |H_S(\omega)|^2$ 为动力响应的功率谱密度函数；$H_S(\omega)$ 为突风输入与机翼响应的气动弹性频响函数。由式（7-15）可以分别得到突风输入与机翼挠度 h、转角 θ、弯矩 M 和剪力 Q 的气动弹性频响函数 $H_h(\omega)$、$H_\theta(\omega)$、$H_M(\omega)$ 和 $H_Q(\omega)$，进而计算出机翼沉浮、转角、弯矩和剪力响应的均方值。

2. 大气紊流响应分析

机翼模型选取 7.4.1 节中的算例模型，大气紊流模型选取 Dryden 紊流模型，均方根突风速度 $\sigma = 0.06V$，紊流尺度 $L_s = 10\mathrm{m}$，飞行速度 $V = 70\mathrm{m/s}$，分别计算出机翼翼尖挠度、转角和翼根弯矩、剪力响应的功率谱密度，如图 7-6 所示。

由图 7-6 可知，随着 ω 增大，大气紊流响应的功率谱密度整体上是减小的，且功率谱密度能量主要在 $\omega \in [\,0,80\,]\mathrm{rad/s}$ 范围内，在 $\omega \in [\,0,15\,]\mathrm{rad/s}$ 的低频范围内最强。图中在 $\omega = 50\mathrm{rad/s}$ 范围附近出现了第二个能量峰值，这是由于机翼 1 阶固有频率 $\omega_1 = \dfrac{3.52}{l^2}\sqrt{\dfrac{EI}{\rho_l A}}$ 通过求解为 54.1rad/s。其中，l 为机翼半展长；A 为机翼截面积；ρ_l 为机翼体积质量密度；EI 为机翼抗弯刚度。由大气紊流引起的机翼 1 阶弯曲振型，在机翼 1 阶弯曲固有频率附近会产生能量谱密度峰值。

大气紊流作用下，翼尖挠度响应的均方值随飞行器飞行速度、紊流尺度和突风速度的变化曲线分别如图 7-7~图 7-9 所示。随着飞行速度 V 的增加，响应的均方值不断增加，变化规律类似图 7-9 中突风速度 σ 对响应均方值的影响，可见无论飞行速度 V 还是大气紊流突风速度 σ 增加，都会加大机翼的响应幅值，降低了飞行器的飞行安全系数。图 7-8 中响应均方值随紊流尺度 L_s 的变化规律则相反，这是由于根据式（7-18）可以导出紊流尺度 L_s 的增大会导致大气紊流的自功率谱密度 $\varPhi_G$ 降低，从而造成机翼响应 $S(t)$ 的均方值降低，所以紊流尺度 L_s 越大，机翼响应幅值越小，飞行器飞行的品质越高。

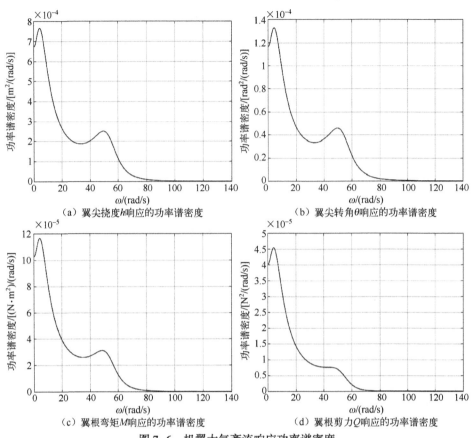

（a）翼尖挠度h响应的功率谱密度　　　　　（b）翼尖转角θ响应的功率谱密度

（c）翼根弯矩M响应的功率谱密度　　　　　（d）翼根剪力Q响应的功率谱密度

图 7-6　机翼大气紊流响应功率谱密度

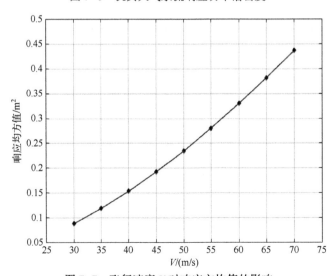

图 7-7　飞行速度V对响应方均值的影响

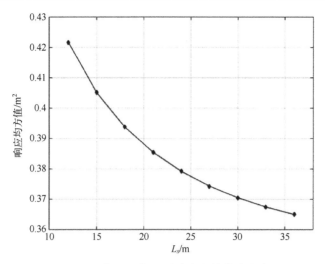

图 7-8　紊流尺度 L_s 对响应方均值的影响

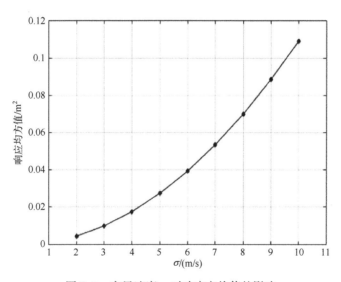

图 7-9　突风速度 σ 对响应方均值的影响

参 考 文 献

［1］Flomenhoft H I. Aeroelastic and dynamic loads from 1903 to the supersonic era ［J］. AIAA, 2000: 1597.

［2］Schuster D M, Liu D D, Huttsell L L. Computational aeroelasticity: success, progress, challenge ［J］. Journal of Aircraft, 2003, 40 (5): 843-856.

［3］Tang D, Grasch A, Dowell E H. Gust response for flexibly suspended high-aspect ratio wings ［J］. AIAA Journal, 2010, 48 (10): 2430-2444.

［4］徐敏, 安效民, 陈士橹. 一种 CFD /CSD 耦合计算方法 ［J］. 航空学报, 2006, 27 (1): 33-37.

［5］严德, 杨超, 万志强. 应用气动力修正技术的静气动弹性发散计算 ［J］. 北京航空航天大学学报, 2007, 33 (10): 1146-1150.

［6］Patil M J, Smith M J, Hodges D H, et al. Nonlinear aeroelastic and flight dynamics of hight-altitude long-edurance aircraft ［J］. AIAA, 1999: 1470.

［7］Smith M J, Patil M J, Hodges D H. CFD-based analysis of nonlinear aeroelastic behavior of high-aspectratio wings ［J］. AIAA Paper, 2001: 1582.

［8］Garcia J A. Numerical investigation of nonlinear aeroelastic effects on flexible high-aspect ratio wings ［J］. Journal of Aircraft, 2005, 42 (4): 1025-1036.

［9］Palacios R, Cesni C S. Static nonlinear aeroelasticity of flexible slender wings in compressible flow ［J］. AIAA Paper, 2005: 1945.

［10］Beran P S, Hur J Y, Snder R D. Static nonlinear aeroelastic analysis of a blended wing body ［J］. AIAA Paper, 2005: 1944.

［11］Tang D M, Dowell E H. Effects of geometric structural nonlinearity on flutter and limit cycle oscillations of high-aspect-ratio wings ［J］. Journal of Fluids and Structures, 2004, 19 (3): 291-306.

［12］Wang Z, Chen P C, Liu D D, et al. Nonlinear aeroelastic analysis for a HALE wing including effects of gust and flow separation ［J］. AIAA Paper, 2007: 2106.

［13］Kim K S, Lee I, Yoo J H, et al. Efficient numerical aeroelastic analysis of a high-aspect ratio wing considering geometric nonlinearity ［J］. Journal of Aircraft, 2010, 47 (1): 338-342.

［14］杨智春, 党会学, 李毅. 大展弦比机翼非线性气动弹性特性的数值模拟研究 ［C］. 第十一届全国空气弹性学术交流会, 昆明, 2009: 411-416.

［15］谢长川, 吴志刚, 杨超. 大展弦比柔性机翼的气动弹性分析 ［J］. 北京航空航天大学

学报，2003，29（12）：1087-1091.

[16] 王伟，周洲，祝小平，王睿. 考虑几何非线性效应的大柔性太阳能无人机静气动弹性分析 [J]. 西北工业大学，2014，32（4）：499-505.

[17] 张华，马铁林，马东立. 弹性变形对柔性机翼气动特性影响分析 [J]. 北京航空航天大学学报，2008，34（5）：487-491.

[18] 马铁林，马东立，张华. 大展弦比柔性机翼气动特性分析 [J]. 北京航空航天大学学报，2007，33（7）：781-785.

[19] 万志强，唐长红，邹丛青. 柔性复合材料前掠翼飞机静气动弹性分析 [J]. 复合材料学报，2002，19（5）：118-124.

[20] 冉玉国，刘会，韩景龙. 大展弦比机翼的非线性气动弹性响应分析 [J]. 空气动力学学报，2009，27（4）：394-399.

[21] 崔鹏，韩景龙. 基于 CFD/CSD 的非线性气动弹性分析方法 [J]. 航空学报，2010，31（3）：480-486.

[22] Cui P, Han J. Numerical investigation of the effects of structural geometric and material nonlinearities on limit-cycle oscillation of a cropped delta wing. Journal of Fluids and Structures [J]. 2011, 27（4）：611-622.

[23] Mardanpour P, Philip W, Richards O, et al. Effect of multiple engine placement on aeroelastic trim and stability of flying wing aircraft [J]. Journal of Fluids and Structures, 2014（44）：67-86.

[24] Mardanpour P, Hodges D H, Neuhart R, et al. Nonlinear aeroelasticity of high-aspect-ratio wings excited by time-dependent thrust [J]. Nonlinear Dynamics, 2014, 75（3）：475-500.

[25] Zahra S, Hodges D H, Chang C S. Validation studies for aeroelastic trim and stability analysis of highly flexible aircraft [J]. Journal of Aircraft, 2010, 47（4）：1240-1247.

[26] Cesnik C E S, Patrick J S, Su W, et al. X-HALE：a very flexible UAV for nonlinear aeroelastic tests [C]. AIAA, 2010：2715.

[27] Xie C C, Leng J Z, Yang C. Geometrical nonlinear aeroelastic stability analysis of a composite high-aspect-ratio wing [C]. International Conference on Engineering Dynamics, 2007.

[28] 张健，向锦武. 侧向随动力作用下大展弦柔性机翼的稳定性 [J]. 航空学报，2010，31（11）：2115-2123.

[29] 张健，向锦武. 柔性飞机非线性气动弹性与飞行动力学耦合静、动态特性 [J]. 航空学报，2011，32（9）：1569-1582.

[30] 肖伟，周洲，王睿，李满. 分布式推进系统对太阳能无人机横航向飞行品质的影响研究 [J]. 西北工业大学学报，2012，30（6）：868-873.

[31] 王睿，祝小平，周洲. 多螺旋桨太阳能无人机横航向操稳特性研究 [J]. 飞行力学，2012，30（1）：5-8.

[32] 徐明兴，祝小平，周洲，等. 多螺旋桨太阳能无人机推力分配方法研究 [J]. 西北工

业大学学报，2012，31（4）：505-511.

[33] Yang B. Transfer function of constrained/combined one dimensional continious dynamic systems [J]. ASME Journal of Sound and Vibration, 1992, 156（3）：425-443.

[34] Zhou J P, Yang B. A distributed transfer function method for analysis of cylindrical shells [J]. AIAA Journal, 1995, 33（9）：1698-1708.

[35] 周建平，雷勇军. 分布参数系统的传递函数方法 [M]. 北京：科学出版社，2010.

[36] 冯志刚，周建平. 一维结构瞬态响应分析的传递函数方法 [J]. 国防科技大学学报，20（5）：9-14，1998.

[37] 雷勇军. 结构分析的分布参数传递函数方法 [D]. 长沙：国防科技大学，1998.

[38] 冯莹，李湘荣，李海阳，周建平. 扩散平面光波导的传递函数方法 [J]. 光学学报，1999，19（1）：50-56.

[39] Yang B, Zhou J. semi-analytic solution of 2D elasticity problem by the strip distributed transfer function method [J]. International Journal of Solid and structures, 1996：33（27）：3984-4005.

[40] 李海阳，雷勇军，周建平. 分布传递函数方法的梁杆几何非线性分析 [J]. 强度与环境，2001（2）：1-8.

[41] 李道奎，周建平，雷勇军. 含内埋矩形脱层屈曲分析的传递函数方法 [J]. 工程力学，2004，21（2）：114-120.

[42] 吴非，周建平，雷勇军. 强激光辐射下双层壳体温度场的数值模拟 [J]. 国防科技大学，2003，25（4）：5-10.

[43] 黄壮飞. 弹性断裂问题的条形传递函数方法 [D]. 长沙：国防科技大学，2001.

[44] 李家文，李道奎，周建平. 冲击波作用下悬臂梁的瞬态响应的传递函数方法 [J]. 振动与冲击，2007，26（3）：101-106.

[45] 李恩奇. 基于分布参数传递函数方法的被动约束层阻尼结构动力学分析 [D]. 长沙：国防科学技术大学，2007.

[46] 赵雪川. 非局部弹性和粘弹性结构元件的力学分析 [D]. 长沙：国防科技大学，2006.

[47] Shen Z B, Li X F, Sheng L P, et al. Transverse vibration of nanoyube-based micro-mass sensor via nonlocal Timoshenko beam theory [J]. Computational material science, 2012（53）：340-346.

[48] 赵永辉. 气动弹性力学与控制 [M]. 北京：科学出版社，2006.

[49] 杨智春，赵令诚. 带外挂二元机翼颤振模态的转变 [J]. 航空学报，1992，13（9）：A552-A554.

[50] 杨智春，赵令诚. 连接刚度对机翼/外挂系统颤振边界特性的影响 [J]. 应用力学学报，1993，10（2）：1-6.

[51] 杨智春，赵令诚，李伶，等. 偏航、侧摆连接刚度对带外挂三角机翼颤振特性的影响 [J]. 振动工程学报，1992，5（2）：168-172.

［52］ Yang Y R. KBM method of analyzing limit cycle flutter of a wing with an external store and comparison with a wind-tunnel test ［J］. Journal of Sound and Vibration, 1995, 187（2）: 271-280.

［53］ 杨翊仁, 赵令诚. 二元机翼带外挂系统极限环颤振次谐响应分析 ［J］. 航空学报, 1992, 13（7）: 410-415.

［54］ 叶炜梁. 带翼梢外挂的 CKI 机翼颤振分析 ［J］. 南京航空航天大学学报, 1993, 25（4）: 554-560.

［55］ Ozcan O, Unal M F, Aslan A R, et al. Aeroelastic chanracteristics of external store configurations at low speeds ［J］. Journal of aircraft, 2011, 32（1）: 161-171.

［56］ Deman Tang, Earl H Dowell. Flutter and limit-cycle-oscillations for a wing-store model with freeplay ［J］. Journal of aircraft, 2006, 43（2）: 487-503.

［57］ Fazelzadeh S A, Marzocca P, Rashid E, et al. Effects of rolling maneuver on divergence and flutter of aircraft wing store ［J］. Journal of aircraft, 2010, 47（1）: 64-71.

［58］ Liviu Librescu, Ohseop Song. Dynamics of composite aircraft wings carrying external stores ［J］. AIAA Journal, 2008, 46（3）: 568-578.

［59］ Karpel M, Moulin B, Anguita L, et al. Flutter analysis of aircraft with external stores using modal coupling ［J］. Journal of aircraft, 2004, 47（4）: 892-901.

［60］ 周秋萍, 邱志平. 机翼带外挂系统极限环颤振的区间分析 ［J］. 航空学报, 2010, 31（3）: 514-518.

［61］ Deman Tang, Earl H Dowell. Aeroelastic analysis and experiment for wing/store model with stiction nonlinearity ［J］. Journal of aircraft, 2011, 48（5）: 1512-1530.

［62］ Chen Y M, Liu J K, Meng G. An incremental method for limit cycle oscillations of an airfoil with an external store ［J］. International Journal of Nonlinear Mechanics, 2012（47）: 75-83.

［63］ 许军, 马晓平. 带外挂机翼的极限环颤振分析 ［J］. 机械强度, 2014, 36（6）: 841-845.

［64］ Kehoe M W. A historical overview of flight flutter testing. NASA, 1995, TM-4720.

［65］ Theodorsen T. General theory of aerodynamic instability and the mechanism of flutter ［R］. NACA Rept, No. 496, 1935.

［66］ Borglund D, Kuttenkeuler J. Active wing flutter suppression using a trailing edge flap ［J］. Journal of Fluids and Structures, 2002, 16（3）, 271-274.

［67］ Olds S D. Modeling and LQR control of a two dimensional airfoil ［D］. Virginia Polytechnic Institute and State University, 1997.

［68］ 王图图. 二元机翼颤振及其主动控制的研究 ［D］. 徐州: 中国矿业大学, 2013.

［69］ 高红娜. 带操纵面二元机翼的气动弹性颤振及其主动抑制 ［D］. 哈尔滨: 哈尔滨工业大学, 2009.

［70］ 杨永年, 景程云. 机翼-副翼-调整片的非定常气动力和颤振计算 ［J］. 航空学报,

1983（1）：7.

[71] F Mark, N Thomas, C Dale, et al. Flutter investigation involving a free floating aileron [J]. AIAA, 1987：0909.

[72] 徐春光, 白晓征, 刘君, 等. 基于非结构动网格技术的带操纵面翼面颤振特性计算方法 [C]. 第十一届全国空气弹性学术交流会, 昆明, 2009.

[73] 胡巍, 杨智春, 谷迎松. 带操纵面机翼气动弹性地面试验仿真系统中的气动力降阶方法 [J]. 西北工业大学学报, 2013, 31（5）：810-816.

[74] Rodden W P, Johnson E H. MSC /Nastran Aeroelastic Analysis User's Guide V68, 1994.

[75] Patil M J, Hodges D H, Cesnik C E S. Nonlinear aeroelastic and flight dynamics of hight-altitude long-edurance aircraft [J]. AIAA, 1999：1470.

[76] Noll T E, Brown J M, Perez-Davis M E, et al. Investigation of the helios prototype aircraft mishap [R]. Tech Rep, NASA.

[77] Patil M J, Hodges D H. On the importance of aerodynamic and structural nonlinearities in aeroelastic behavior of high-aspect-ratio wings [J]. AIAA, 2000：1448.

[78] Patil M J, Hodges D H. Limit cycle oscillations in high-aspect-ratio Wings [J]. AIAA, 1999：1464.

[79] Tang D M, Dowell E H. Comments on the ONERA stall aerodynamic model and its impact on aeroelastic stability [J]. Journal of Fluid Structure, 1996（10）：353-366.

[80] Xie C C, Leng J Z, Yang C. Geometrical nonlinear aeroelastic stability analysis of a composite high-aspect-ratio wing [C] International Conference on Engineering Dynamics, 2007.

[81] 谢长川, 吴志刚, 杨超. 大展弦比柔性机翼的气动弹性分析 [J]. 北京航空航天大学学报, 2003, 29（12）：1087-1091.

[82] 杨超, 王立波, 谢长川, 等. 大变形飞机配平与飞行载荷分析方法 [J]. 中国科学, 2012, 42（10）：1137-1147.

[83] 谢长川, 杨超. 大展弦比飞机几何非线性气动弹性稳定性的线性化方法 [J]. 中国科学, 2011, 41（3）：385-393.

[84] 王伟, 周洲, 祝小平, 等. 考虑几何非线性效应的大柔性太阳能无人机静气动弹性分析 [J]. 西北工业大学学报, 2014, 32（4）：499-505.

[85] 王伟, 周洲, 祝小平, 王睿. 几何大变形太阳能无人机非线性气动弹性稳定性研究 [J]. 西北工业大学学报, 2015, 33（1）：1-7.

[86] Palacios R, Cesni C S. Static nonlinear aeroelasticity of flexible slender wings in compressible flow [J]. AIAA, 2005：1945.

[87] 张健, 向锦武. 侧向随动力作用下大展弦比柔性机翼的稳定性 [J]. 航空学报, 2010, 31（11）：2115-2124.

[88] 张健. 柔性飞机非线性气动弹性与飞行动力学耦合建模与仿真 [D]. 北京：北京航空航天大学, 2010.

[89] Zhang J, Xiang J W. Nonlinear aeroelastic response of high-aspect-ratio flexible wings [J].

Chinese Journal of Aeronautics, 2009, 22 (4): 355-263.

[90] Smith M J, Patil M J, Hodges D H. CFD-based analysis of nonlinear aeroelastic behavior of high-aspectratio wings [J]. AIAA Paper, 2001: 1582.

[91] Patil M J, Hodges D H. Limit-cycle oscillations in high-aspect-ratio wings [J]. Journal of Fluid and Structures, 2001 (15): 7-132.

[92] Garcia J A. Numerical investigation of nonlinear aeroelastic effects on flexible high-aspect ratio wings [J]. Journal of Aircraft, 2005, 42 (4): 1025-1036.

[93] Beran P S, Hur J Y, Snder R D. Static nonlinear aeroelastic analysis of a blended wing body [J]. AIAA Paper, 2005: 1944.

[94] 谢长川, 吴志刚, 杨超. 大展弦比柔性机翼的气动弹性分析 [J]. 北京航空航天大学学报, 2003, 29 (12): 1087-1091.

[95] Xie Changchuan, Leng Jiazhen, Yang Chao. Geometrical nonlinear aeroelastic stability analysis of a composite high-aspect-ratio wing [C]. International Conference on Engineering Dynamics, 2007.

[96] 王伟, 周洲, 祝小平, 等. 几何大变形太阳能无人机非线性气动弹性稳定性研究 [J]. 西北工业大学学报, 2015, 33 (1): 1-8.

[97] 王伟, 周洲, 祝小平, 等. 考虑几何非线性效应的大柔性太阳能无人机静气动弹性分析 [J]. 西北工业大学学报, 2014, 32 (4): 499-505.

[98] 杨智春, 党会学, 李毅. 大展弦比机翼非线性气动弹性特性的数值模拟研究 [C]. 第十一届全国空气弹性学术交流会, 2009.

[99] 张健, 向锦武. 侧向随动力作用下大展弦柔性机翼的稳定性 [J]. 航空学报, 2010, 31 (11): 2115-2123.

[100] 赵雪健. 平面曲梁自由振动的动力刚度法研究 [D]. 北京: 清华大学, 2010.

[101] 陶于金, 李沛峰. 无人机系统发展与关键技术综述 [J]. 航空制造技术, 2014, 464 (20): 34-39.

[102] J Valsa, L Brancik. Approximate formulae for numerical inversion of laplace transforms [J]. International Journal of Numerical Modelling: Electronic Networks, Devices and Fields, 1998, 11 (3): 153-166.